UG NX 12.0幸福教程

王家青　杨朝霞　主　编

张世宏　黄生龙　崔艳梅　副主编

人民交通出版社股份有限公司
China Communications Press Co.,Ltd.

内 容 提 要

本书综合介绍了 UG NX 12.0 的基础知识和应用技巧。全书共八章，包括了 UG NX 12.0 概述、绘制二维草图、创建实体特征、编辑实体特征、钣金设计、曲面、部件装配设计和创建工程图等内容。

本书可作为中职、大专院校计算机辅助设计课程的指导教材，也可供喜欢使用 UG NX 12.0 进行机械设计的广大初、中级爱好者使用。

图书在版编目（CIP）数据

UG NX 12.0 幸福教程 / 王家青，杨朝霞主编．—北京：人民交通出版社股份有限公司，2018.1

ISBN 978-7-114-14592-6

Ⅰ．①U… Ⅱ．①王… ②杨… Ⅲ．①计算机辅助设计—应用软件—教材 Ⅳ．①TP391.72

中国版本图书馆 CIP 数据核字（2018）第 050255 号

UG NX 12.0 Xingfu Jiaocheng

书　　名：**UG NX 12.0 幸福教程**
著 作 者：王家青　杨朝霞
责任编辑：刘　博
责任校对：孙国靖
责任印制：张　凯
出版发行：人民交通出版社股份有限公司
地　　址：（100011）北京市朝阳区安定门外外馆斜街 3 号
网　　址：http://www.ccpress.com.cn
销售电话：（010）59757973
总 经 销：人民交通出版社股份有限公司发行部
经　　销：各地新华书店
印　　刷：北京市密东印刷有限公司
开　　本：787 × 1092　1/16
印　　张：11.75
字　　数：271 千
版　　次：2018 年 1 月　第 1 版
印　　次：2018 年 1 月　第 1 次印刷
书　　号：ISBN 978-7-114-14592-6
定　　价：60.00 元

前　言

心理学家弗洛伊德指出："游戏是由愉快原则促动的，它是满足的源泉。"做游戏可以满足学生爱动好玩的心理，使他们的注意力不但能持久、稳定，而且注意的紧张程度也较高。我们按照这样一种指导思想，深入贯彻落实"幸福职教，全国名校"教师快乐地教书，学生幸福地学习实用技能，推进长春职业技术学校的教育教学改革，精心编写了这本《UG NX 12.0 幸福教程》。

本教材的应用，面对的是全体学生。充分调动全体同学的内在学习动力，变"要我学"为"我要学"。教师与学生互动学习，教师起主导作用，学生起主体作用；学生的内在动力要以教师的教学意图为方向。教师充分调动学生的内在动力，让学生把学习新知识当成参与一种快乐"游戏"去做。教师在教学中引导学生展开想象，不仅能活跃课堂气氛，而且能有效地培养和发展学生的想象力、创造力。

UG NX 12.0 软件是一套集 CAD、CAM、CAE 于一身的大型软件，其功能非常强大。使用该软件进行设计、制造、加工，能直观、准确地反映零部件的形状、装配关系，可以使产品开发完全实现设计、工艺、制造的无纸化生产，缩短了生产周期，有利于新品试制和多品种产品的设计、开发、制造。通过本教材的学习，不仅让学生把二维图纸变成三维实体，更重要的是培养学生构建三维模型的思路，激发学生的空间想象力。

本教材的设计原则是：让学生幸福快乐地学习，重在激发学生的学习兴趣，让学生在自己动手的实践中，掌握职业技能、习得专业知识，营造真实的设计环境，使学生置身于真实的工作过程中，从而构建属于自己的经验和知识体系。促使学生养成良好的职业道德，有效地提高学生的学习效率，提高学生对所学知识的运用能力。同时，改变以往教师的角色，教师不再是知识的传授者，而是知识的引导着，把主动权交给学生，让学生在产品设计中体验快乐、体验成就、体验进步的喜悦，活跃学生的学习思维，让学生的思想能够在多维空间里"自由翱翔"，为我国工业从"中国制造"走向"中国创造"培养更多的创新人才！真正体现我国职业教育的特色。

本书由王家青、杨朝霞主编，张世宏、黄生龙、崔艳梅担任副主编。

在本书的编写过程中，得到了学校领导和同行业教育专家的悉心指导，在此深表谢意！由于时间仓促，水平有限，书中难免存在错误和不足，恳请从事职业教育的专家、教师及读者批评指正。

编　者

2017 年 12 月

目录

第一章　UG NX 12.0 概述

技能目标

1. 了解 UG NX 12.0 的功能。
2. 熟悉 UG NX 12.0 软件的安装。
3. 掌握 UG NX 12.0 的使用环境与界面定制。
4. 学习 UG NX 12.0 的参数设置。

第一节　UG NX 12.0 的功能简述

UG NX 12.0 是 Siemens 公司推出的一套 CAD/CAM/CAE 一体化软件系统。它是当前工业领域计算机辅助设计、分析和制造软件之一，它的功能覆盖了从概念设计到产品生产的整个过程，并且广泛地应用在汽车、航天、模具加工及设计和医疗器械等行业。它提供了强大的实体建模技术和高效的曲面建构能力，能够完成复杂的造型设计。具有建模灵活、装配直观、2D 出图准确、加工高效的特点。其基于特征的建模方法作为实体造型的基础，形象直观，并采用参数控制，使它的混合建模技术，将实体建模、曲面建模、线框建模、显示几何建模与参数化建模等建模技术融于一体，具有很强的操作性和灵活性。强大的二维图形设计功能可以方便地从三维实体模型直接生成二维工程图，按照 ISO 标准生成各种剖视图、标注尺寸、形位公差和汉字说明，操作对象时，具有自动推理功能，在每个操作步骤中，都有相应的提示信息，便于用户做出正确的选择。

第二节　UG NX 12.0 的安装

一、硬件要求

UG NX 12.0 软件安装的硬件要求见表 1-1。

UG NX 12.0 软件安装的硬件要求　　表 1-1

硬件类型	Windows PC 最低配置	Windows PC 推荐配置
操作系统	64 位 Windows 7 以上操作系统	64 位 Windows 7 以上操作系统
处理器	Intel Core I3 处理器(或等同的 AMD 处理器)	Intel Core I5 处理器(或等同的 AMD 处理器)

续上表

硬件类型	Windows PC 最低配置	Windows PC 推荐配置
内存	4GB	8GB
显卡	512m 显存显卡	1GB 显存显卡
硬盘	500GB	1TB

注:UG NX 12.0 软件要求在 64 位操作系统环境下运行,一定要确保操作系统是 64 位的。

二、软件安装

安装软件之前您需要把许可证文件放在一个方便查找的文件夹里,用记事本打开,如图 1-1 所示。将蓝色区域更改成电脑的计算机名,保存后关闭文本,运行安装介质。

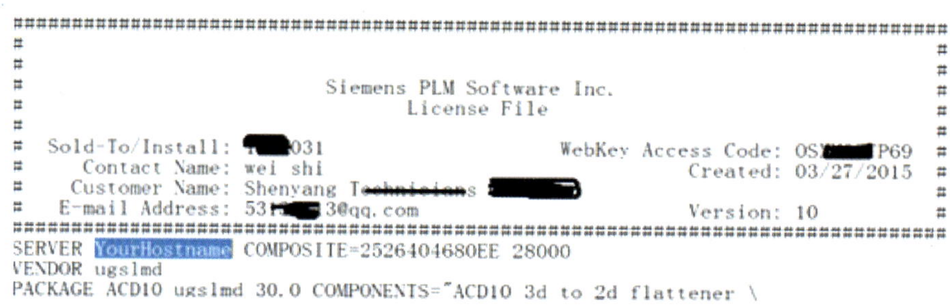

```
Siemens PLM Software Inc.
License File

Sold-To/Install: 031                WebKey Access Code: OS P69
Contact Name: wei shi                          Created: 03/27/2015
Customer Name: Shenyang Technicians s
E-mail Address: 53 3@qq.com                    Version: 10
SERVER YourHostname COMPOSITE=2526404680EE 28000
VENDOR ugslmd
PACKAGE ACD10 ugslmd 30.0 COMPONENTS="ACD10 3d to 2d flattener \
```

图 1-1　安装许可证

注:正版软件的许可安装需要经历 3 次许可替换:第一次许可测试硬件匹配性;第二次全模块许可测试系统稳定性;第三次稳定版固定模块许可。

点击“Launch”图标,如图 1-2 所示。弹出 NX 安装界面,如图 1-3 所示。第二项“Install License Manager”是许可证管理器启动按钮。第三项“Install NX”是 NX 软件的主程序启动按钮。

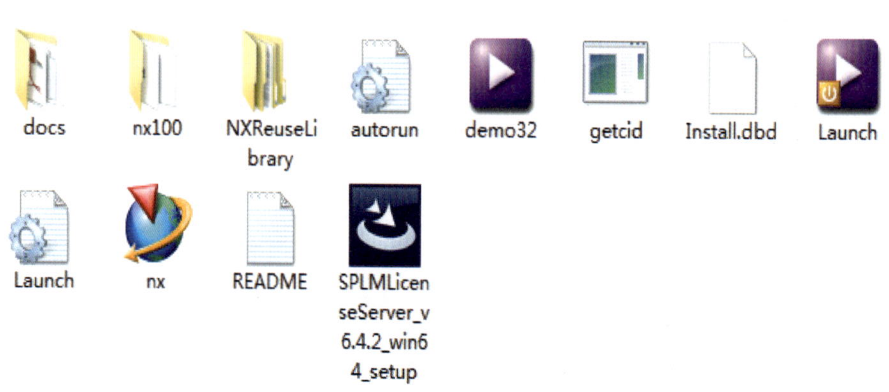

图 1-2　安装包

具体安装步骤如下(注:这里我们主要介绍单机版的安装步骤)。

(1)在服务器电脑运行安装介质,点击“Launch”程序,在弹出的安装界面中选择第二项

“Install License Manager”许可证管理器。点击运行，弹出安装环境窗口如图 1-4 所示。

图 1-3　安装界面

图 1-4　许可证管理器安装界面一

点击“确定”，继续安装。弹出“Install License Manager”许可证管理器安装界面如图 1-5 所示。

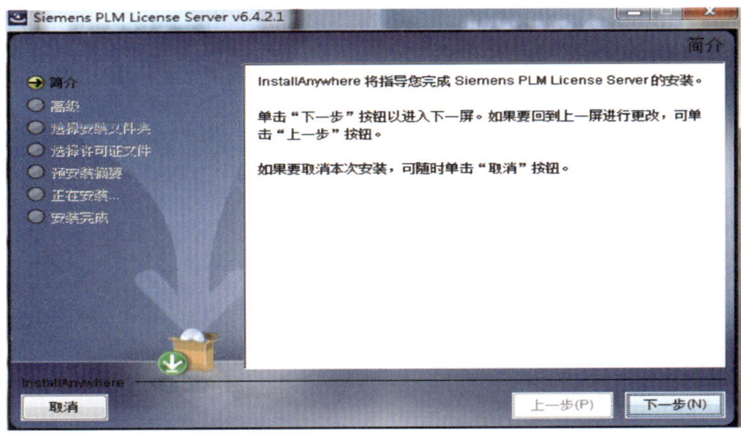

图 1-5　许可证管理器安装界面二

按着点击“下一步”,安装界面如图 1-6 所示。点击“下一步”,安装界面如图 1-7 所示。

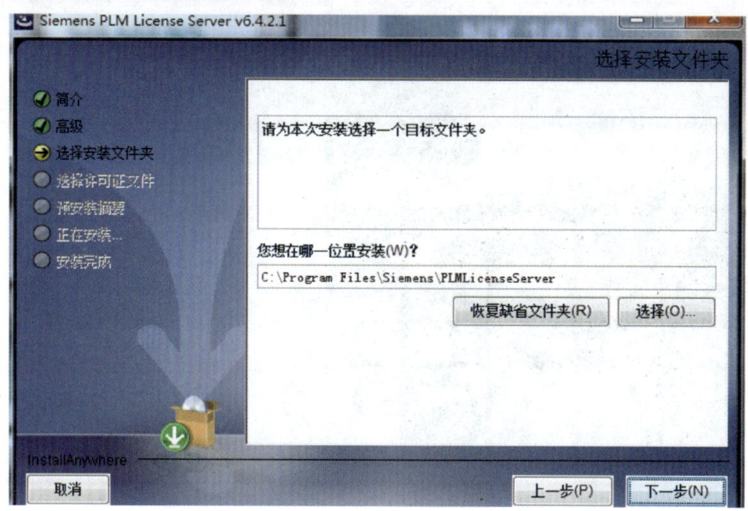

图 1-6　许可证管理器安装界面三

图 1-7　许可证管理器安装界面四

点击“选择”按钮,选择刚才修改过的许可证文件。然后点击“下一步”,继续安装。在图 1-8 所示界面中点击“安装”。等待几分钟,安装结束。点击“完成”按钮退出“Install License Manager”许可证管理器的安装界面。至此服务器端的安装工作结束。

(2)在客户端电脑上运行安装介质,点击“Launch”图标,在弹出的安装界面中选择第三项“Install NX”,安装 NX 软件的主程序,弹出的安装环境窗口如图 1-9 所示。点击“确定”按钮,弹出安装界面的如图 1-10 所示。

点击“下一步”,如图 1-11 所示。这里通常推荐选择“完整安装”,点击“下一步”,安装界面如图 1-12 所示。此时可点击“更改”按钮,选择 NX 程序的安装位置。

点击“更改”按钮,选择 NX 程序的安装位置后的结果如图 1-13 所示。

更改完成后,点击“确定”,继续安装。点击“下一步”如图 1-14 所示。

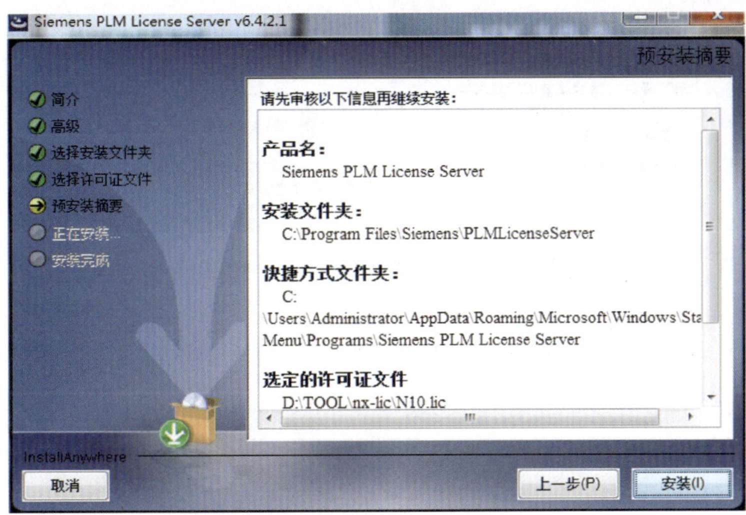

图 1-8　许可证管理器安装界面五

图 1-9　主程序安装界面一

图 1-10　主程序安装界面二

该窗口(图 1-15)需要确认“28000@ × × × × × × ”@ 后面的信息与服务器的计算机名是否一致。如不一致需要将@ 后面信息改为服务器的计算机名。点击“下一步”。

选择 NX 软件运行时的语言,我们通常选择简体中文,如图 1-16 所示。选好后点击“下一步”。

查看设置(图 1-17),若没有需要修改的则点击“安装”,如图 1-18 所示。大约需要 20min,NX 软件会安装完成。

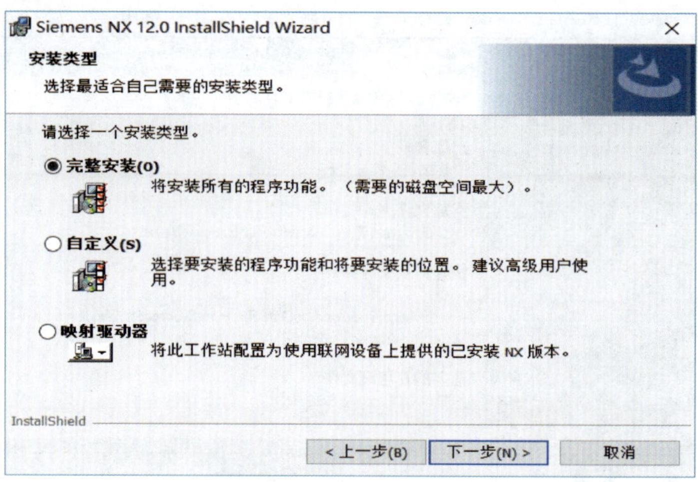

图 1-11　主程序安装界面三

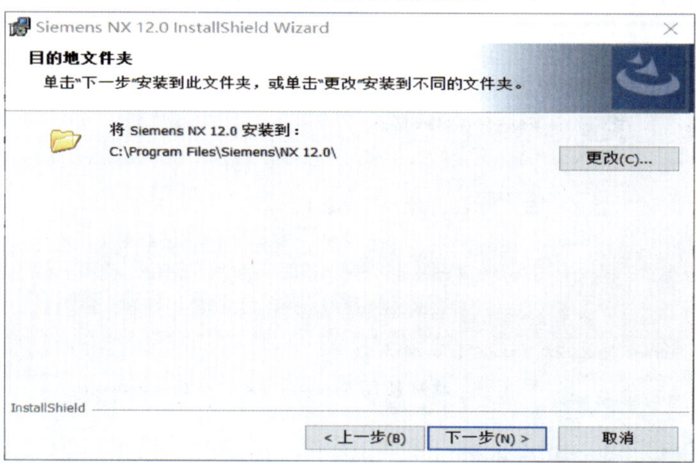

图 1-12　主程序安装界面四

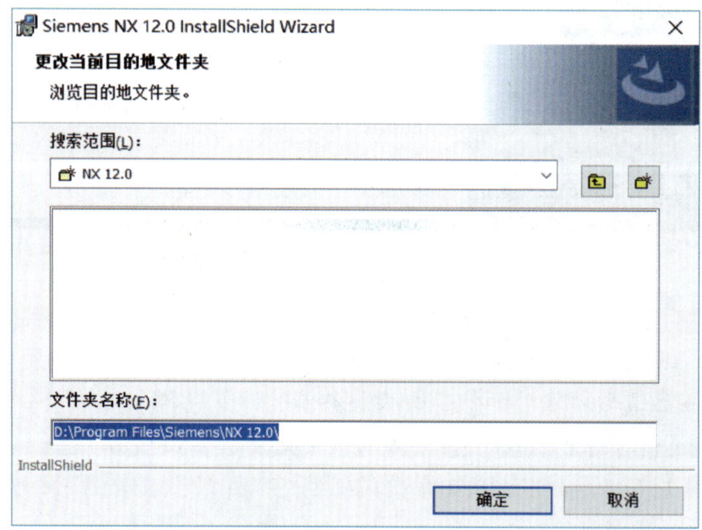

图 1-13　主程序安装界面五

点击“完成”按钮退出安装界面。至此，安装全部完成。点击“Exit”按钮，退出安装界面，如图 1-19 所示。

图 1-14　主程序安装界面六

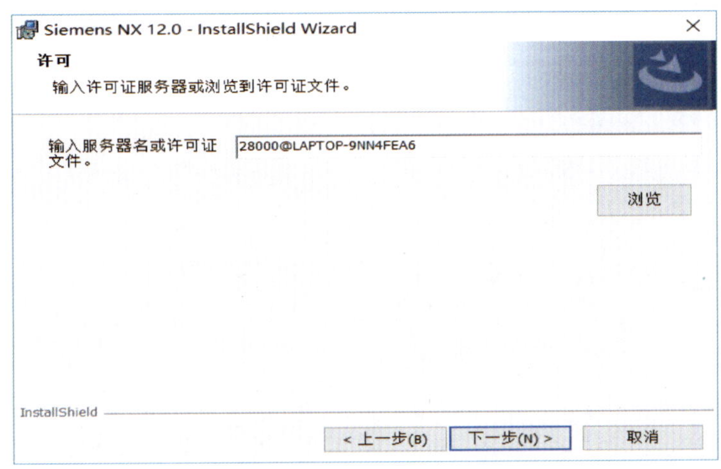

图 1-15　主程序安装界面七

图 1-16　主程序安装界面八

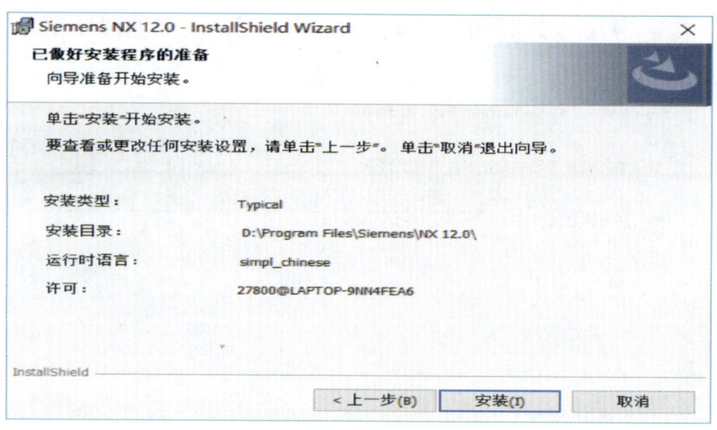

图 1-17　主程序安装界面九

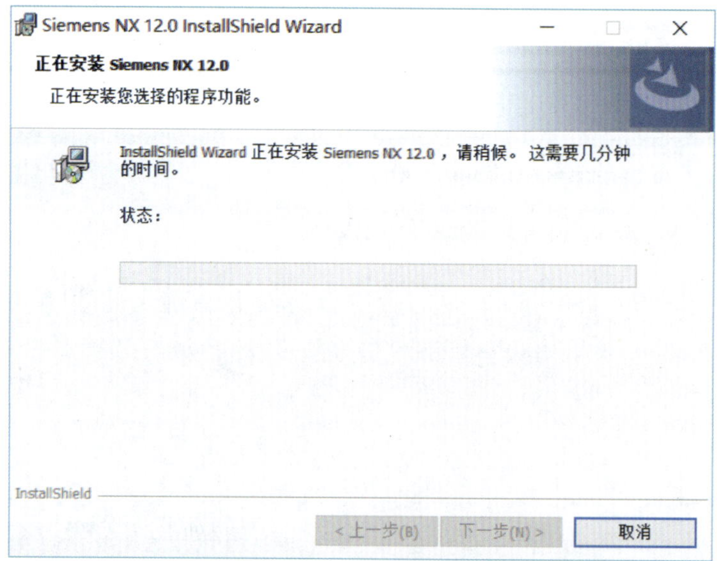

图 1-18　主程序安装界面十

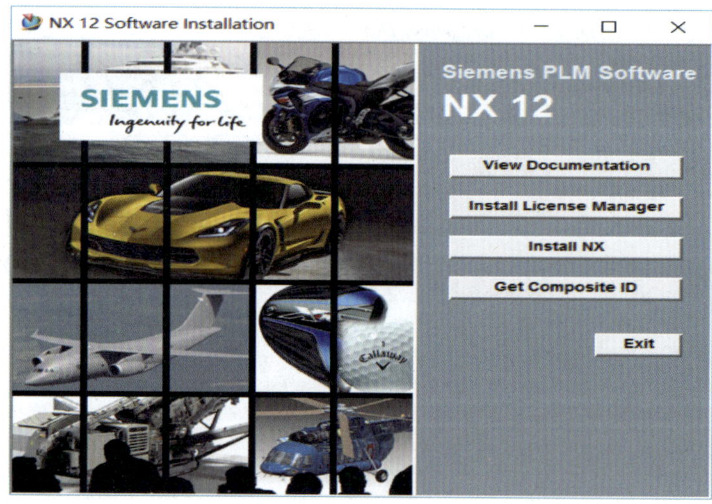

图 1-19　主程序安装界面十一

第三节　UG NX 12.0 常规操作界面

使用 UG NX 12.0 软件工作时，必须进入该软件的操作环境。用户可以通过新建文件的方法或者通过打开文件的方式进入操作环境。

首先选择"标准"工具栏中的"开始"→"所有程序"→"Siemens NX 12.0"→"NX 12.0"命令，即可进入 UG NX 12.0 单机版的主界面，如图 1-20 所示（但此时还不能进行实际操作）。打开一个已存文件（如打开一个 jietizhou. prt 文件）或建立一个新文件后，进入如图 1-21所示的基础操作环境，该环境是其他应用模块的基础平台。

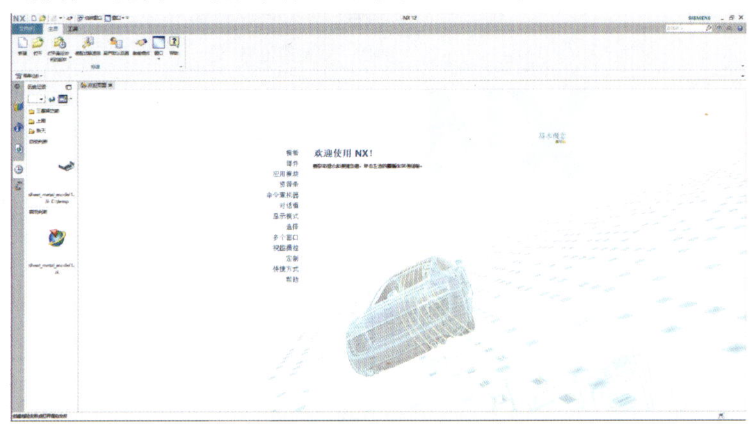

图 1-20　"新建"对话框

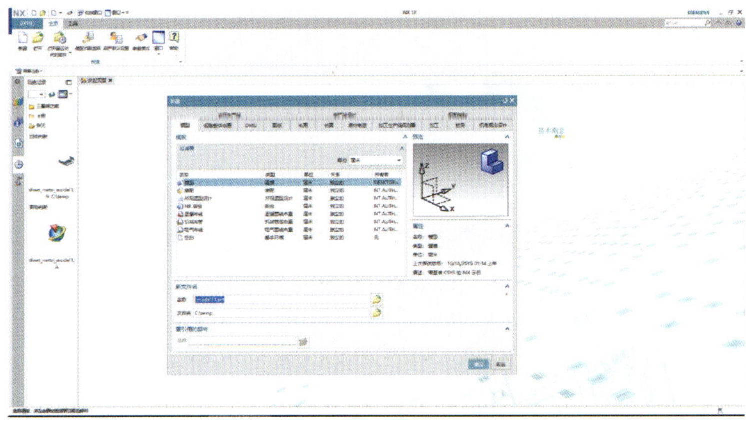

图 1-21　"UG NX12.0"基础操作环境

一、UG NX 12.0 主工作界面的组成

下面通过建模模块的工作界面来具体介绍 UG NX 12.0 主工作界面（图 1-22）的组成。

1. 标题栏

标题栏显示了软件的名称、版本号、保存文件按键及窗口切换。

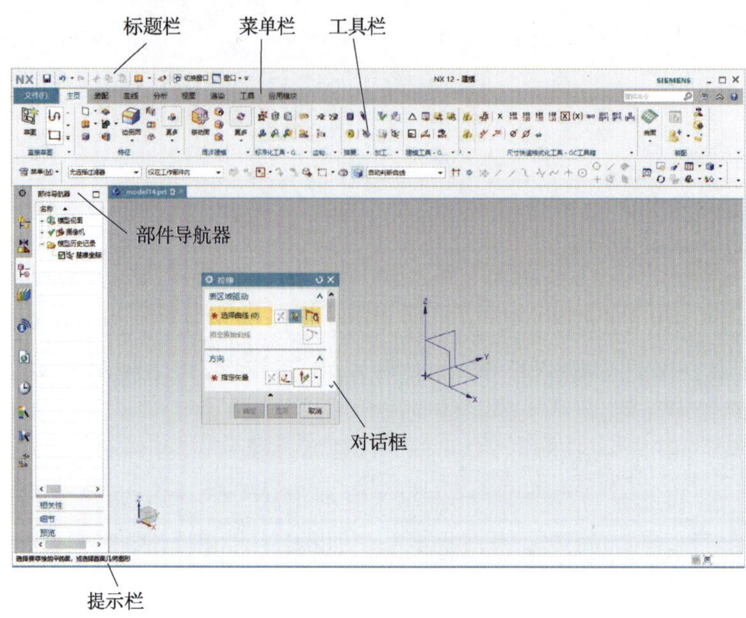

图 1-22 “UG NX12.0”主工作界面

2. 菜单栏

菜单栏包含了该软件的主要功能,系统所有的命令和设置选项,都归属到不同的菜单下。单击其中任何一个菜单时,都会打开一个下拉菜单,显示所有与该功能有关的命令选项。

3. 工具栏

工具栏中的所有按钮对应着不同的命令,而且都是以图形的方式形象地表示出命令的功能,鼠标的光标停留在图像上,会弹出该命令的使用方法和功能,更加方便了用户的使用。

4. 提示栏

提示栏固定在主界面的左下方,主要用来提示如何操作。执行任何命令时,系统都会在提示栏中显示需执行的操作。对于不熟悉的命令,根据提示栏的提示,一般都可以完成操作。

5. 部件导航器

部件导航器中提供了正等测、前、后、右等八个模型视图,用于选择当前视图的方向,以方便从各个视角观察模型。在部件导航器窗口中选择一个特征,该特征将在图形区高亮显示,鼠标右键可以进行编辑和操作,可以用来抑制或释放特征和改变它们的参数或定位尺寸等。

6. 对话框

对话框是 NX 提供给用户实现与计算机进行人机对话的基本操作工具。NX 提供了多种类型的对话框,以满足用户完成不同操作任务。

7. 工作区

工作区是绘图的主区域,用于创建、显示和修改部件。

8. 资源条

资源条中包括装配导航器、部件导航器、主页浏览器、历史记录等。

9. 快捷菜单

在工作区中的空白处单击鼠标右键,如图 1-23 所示。该菜单中包含一些常用命令及视图控制命令等,便于操作。光标放在模型上右击可出现推断式菜单,如图 1-24 所示,通过该菜单的选择可以快速实现对模型的编辑操作。

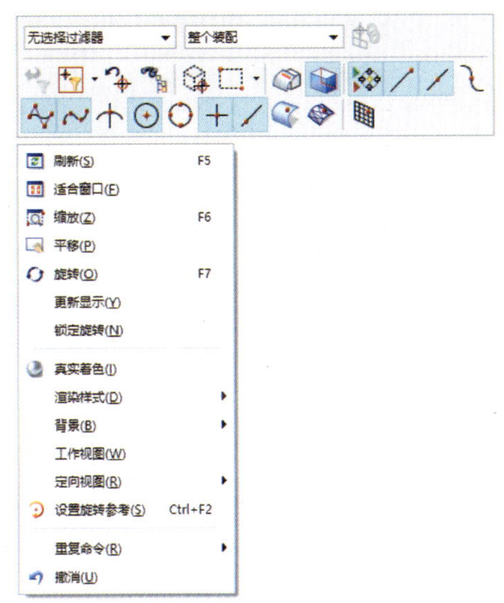

图 1-23　快捷菜单

图 1-24　推断菜单

二、用户界面的定制

进入 UG NX 12.0 系统后,在建模环境下选择“菜单”→“工具”→“定制”(CTRL + 1)命令,通过系统弹出的“定制”对话框(图 1-25),可对用户界面进行定制。

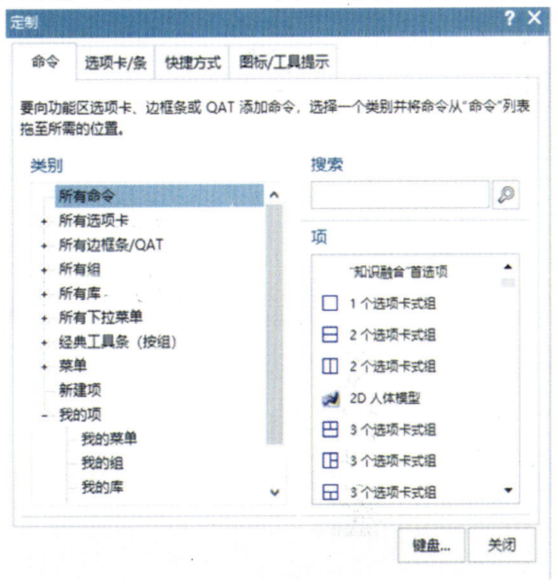

图 1-25　“定制”对话框

三、鼠标的使用方法

(1)滚动鼠标中键滚轮,可以实现模型缩放:向前滚,模型缩小;向后滚,模型变大。
(2)按住鼠标中键,移动鼠标,可旋转模型。
(3)先按住键盘上的 Shift 键,然后按住鼠标中键,移动鼠标可移动模型。
(4)先按住键盘上的 Shift 键,然后按住鼠标左键,取消选择对象。

第四节　UG NX 12.0 软件参数设置

一、对象首选项

选择“文件”下拉菜单“首选项”→“对象”命令,系统弹出“对象首选项”对话框(图 1-26)。该对话框主要用于设置对象的属性,如颜色、线型和线宽等。

二、用户界面首选项

选择“文件”下拉菜单“首选项”→“用户界面”命令,系统弹出“用户界面首选项”对话框(图 1-27)。该对话框中的选项卡主要用来设置窗口位置、数值精度和宏选项等。

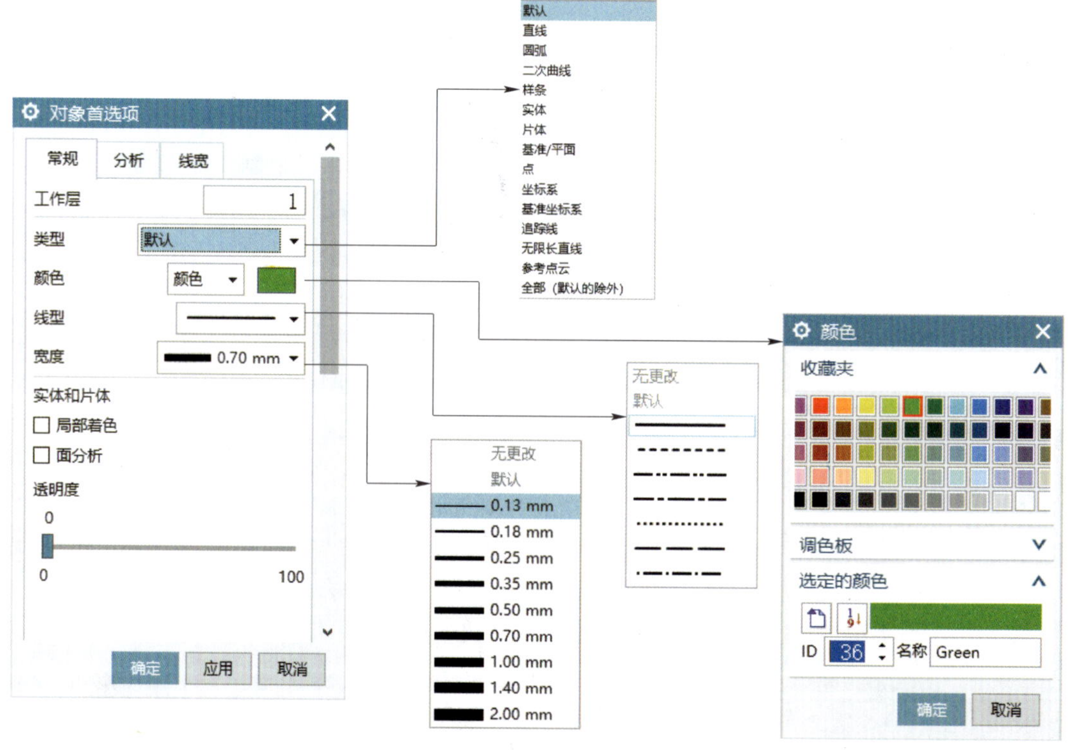

图 1-26　“对象首选项”对话框

图 1-27 “用户界面首选项”对话框

三、选择首选项

选择“文件”下拉菜单“首选项”→“选择”命令，系统弹出“选择首选项”对话框（图 1-28），主要用来设置光标预选对象后，选择球大小、高亮显示的对象、尺寸链公差和矩形选取方式等选项。

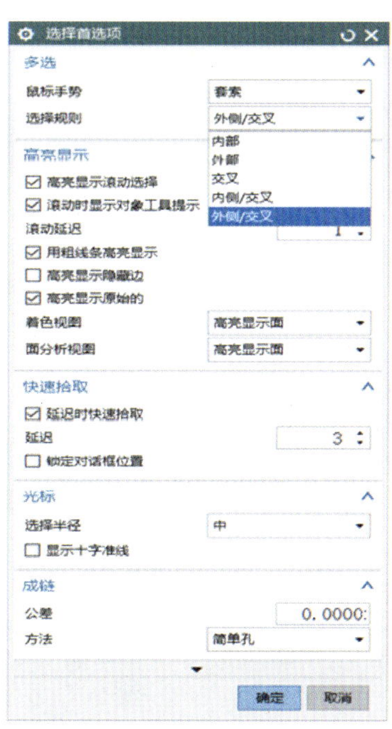

图 1-28 “选择首选项”对话框

第二章　绘制二维草图

技能目标

1. 熟悉草图工具的使用。
2. 能运用草图工具熟练绘制草图。
3. 能按教师要求完成草图设计。

第一节　草图环境

二维草图的设计是建模的基础。在创建特征时，都需要先绘制所建特征的截面形状，还需要通过绘制草图以定义轨迹。

一、新建草图

选择“菜单”→“插入”→“草图”命令或直接点击工具条“草图”命令，则出现创建草图对话框，选择作图平面即可绘制草图（图 2-1）。

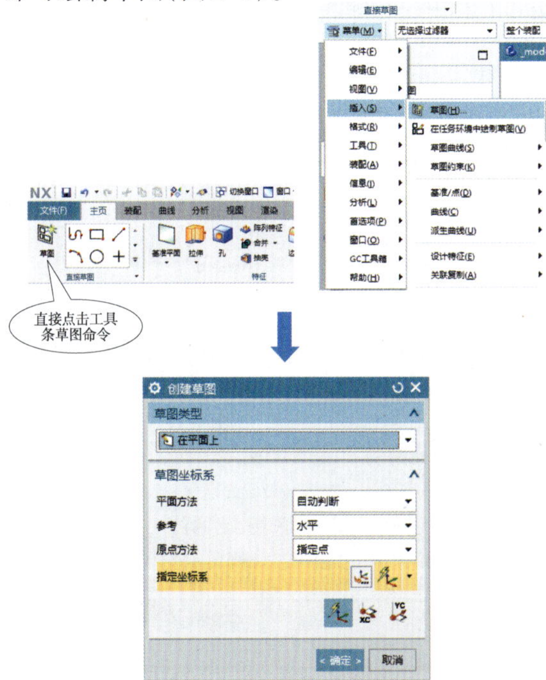

图 2-1　进入草图环境

二、坐标系

1. 绝对坐标系

绝对坐标系是原点在(0,0,0)的坐标系,是固定不变的。

2. 工作坐标系(WCS)

工作坐标系包括坐标原点和坐标轴,如图2-2所示。它的轴通常是正交的。

3. 基准坐标系(CSYS)

基准坐标系包括整个CSYS、三个基准平面、三个基准轴及原点,如图2-3所示。

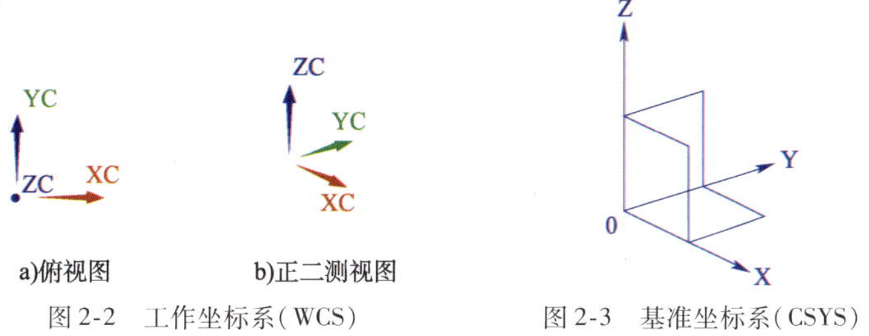

图2-2　工作坐标系(WCS)　　　图2-3　基准坐标系(CSYS)

三、草图环境中的下拉菜单

1. "插入"下拉菜单

"插入"下拉菜单是草图环境中的主要菜单(图2-4),它的功能主要包括草图的绘制、草图曲线和草图约束等。单击该下拉菜单,即可弹出其中的命令,其中绝大部分命令都以快捷按钮方式出现在屏幕的工具栏中。

图2-4　"插入"下拉菜单

2.“编辑”下拉菜单

“编辑”下拉菜单是草图环境中对草图进行编辑的菜单,如图 2-5 所示。

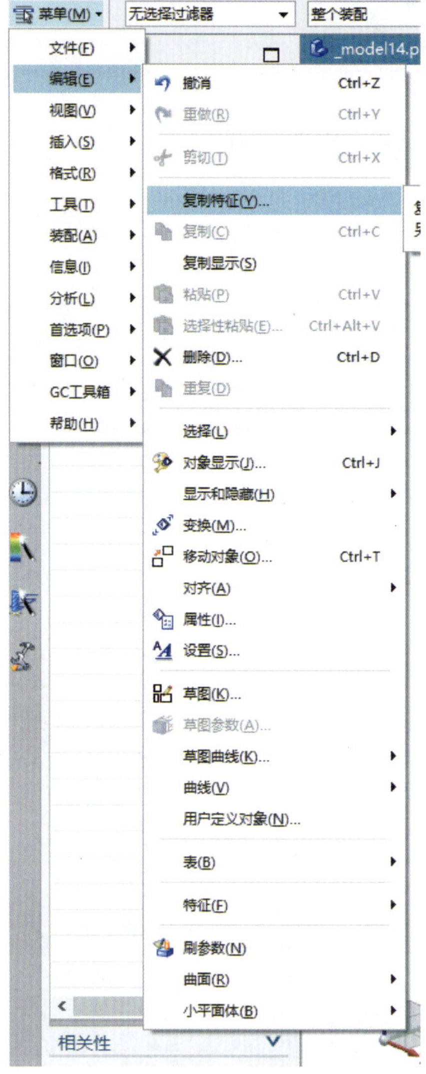

图 2-5 “编辑”下拉菜单

四、草绘环境中鼠标的使用

(1)绘制草图时,单击鼠标左键表示确定,单击中键中止当前操作或退出当前命令。

(2)当不处于草图绘制状态时,单击可选取多个对象;选择对象后,右击出现草图命令的快捷菜单。

(3)滚动鼠标中键,可以缩放模型(该功能对所有模块都适用)。向前滚,模型缩小;向后滚,模型变大。

(4)按住鼠标中键,移动鼠标,可旋转模型(该功能对所有模块都适用)。

(5)先按住键盘上的 Shift 键,然后按住鼠标中键,移动鼠标可移动模型(该功能对所有模块都适用)。

第二节　草图工具

“草图工具”工具条简介如图 2-6 所示。

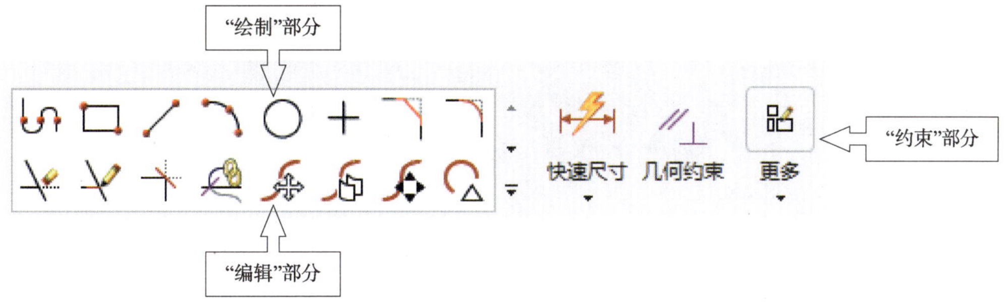

图 2-6　“草图工具”工具条

一、直线的绘制

执行直线命令,主要有以下两种方式。

(1)菜单:选择“菜单”→“插入”→“直线”命令。

(2)功能区:单击“主页”选项卡“曲线”组中的“直线”按钮。

执行上述操作后,打开如图 2-7 所示的“直线”对话框:

XY 坐标模式——使用 XC 和 YC 坐标创建直线起点或终点。

参数模式——使用长度和角度参数创建直线起点或终点。

二、圆弧的绘制

选择“菜单”→“插入”→“圆弧”命令(或单击工具栏中的“圆弧”按钮),系统弹出如图 2-8 所示的“圆弧”对话框。

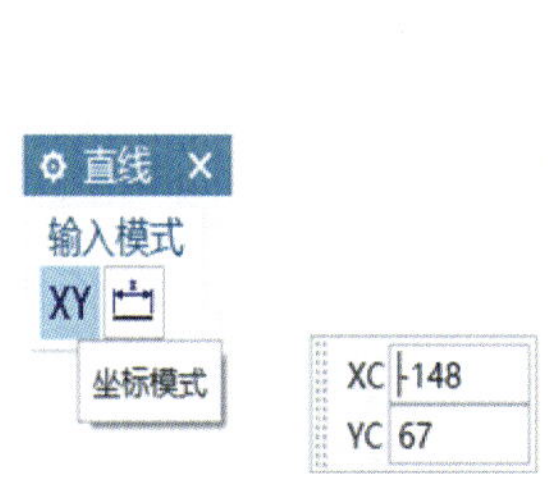

图 2-7　“直线”对话框

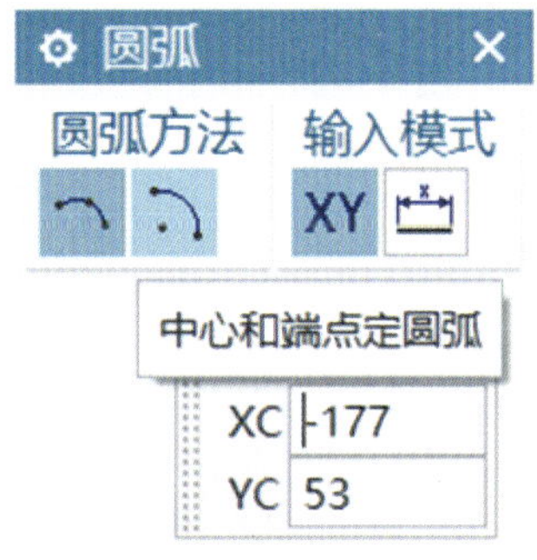

图 2-8　“圆弧”对话框

绘制圆弧有两种方法:一个是通过确定圆弧的两个端点和圆弧上的一个通过点来创建圆弧;一个是通过确定圆弧的中心和端点创建圆弧。

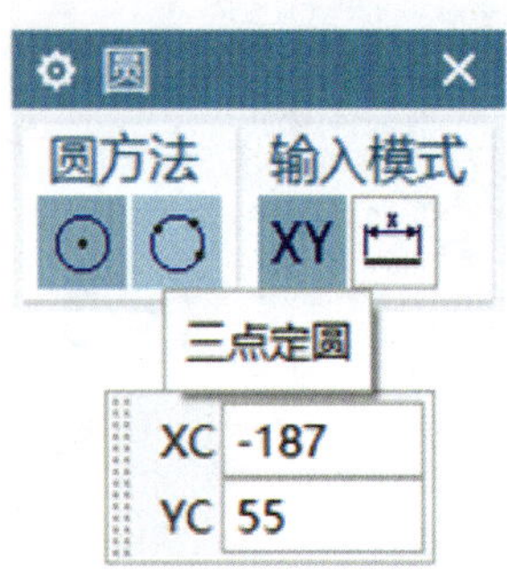

图 2-9 “圆”对话框

三、圆的绘制

选择下拉菜单“插入”→“草图曲线”→“圆”命令(或单击工具栏中的“圆”按钮),系统弹出如图 2-9 所示的创建“圆”对话框。

四、倒角

1. 倒圆角

选择下拉菜单“插入”→“曲线”→“圆角”(或单击工具栏中的“圆角”按钮),系统弹出如图 2-10 所示的“圆角”对话框。

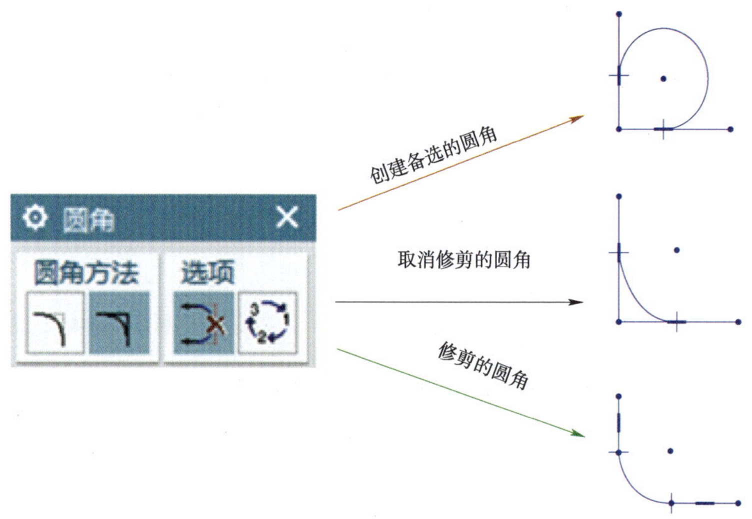

图 2-10 “圆角”对话框

2. 倒斜角

选择下拉菜单“插入”→“曲线”→ “倒斜角”或单击工具栏中的“倒斜角”按钮,绘制如图 2-11 所示的“倒斜角”。

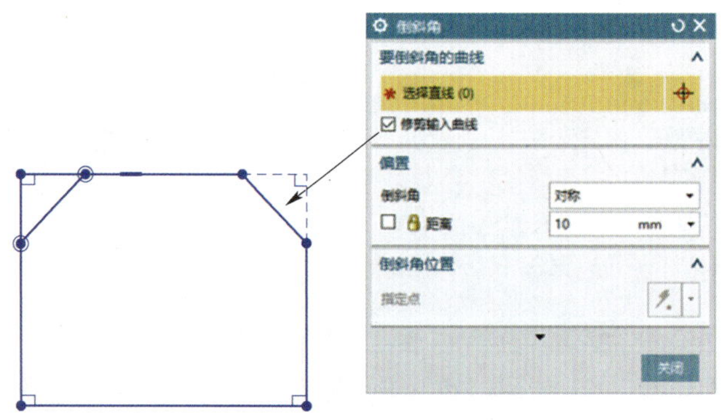
图 2-11 “倒斜角”绘制示意图

五、矩形的绘制

点击“矩形”工具，出现矩形工具条，有三种方法来创建矩形，如图 2-12 所示。

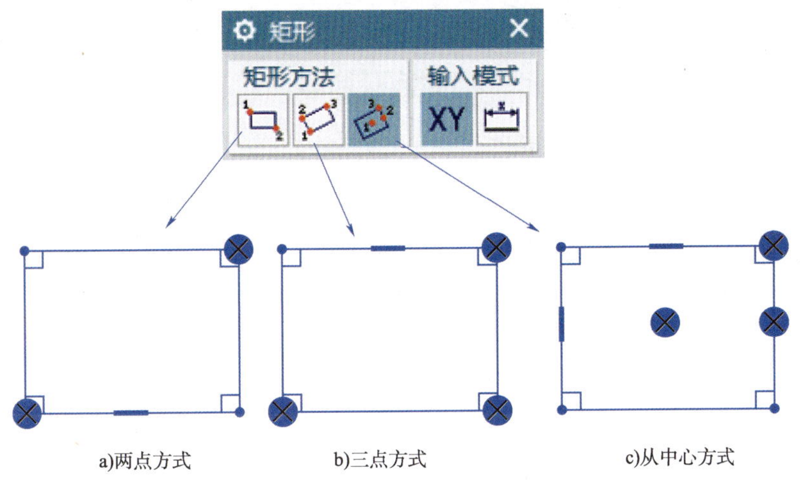

a)两点方式　　b)三点方式　　c)从中心方式

图 2-12　“矩形”绘制示意图

六、轮廓线的绘制

轮廓线绘制命令的调用：“菜单”→“插入”→“轮廓”（或单击轮廓按钮），系统弹出“轮廓”对话框，如图 2-13 所示。

用“轮廓线”命令绘制多段线，如图 2-14 所示。

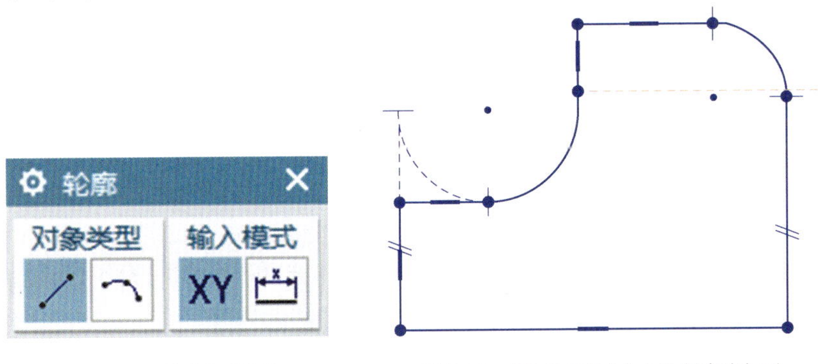

图 2-13　“轮廓”对话框　　图 2-14　用“轮廓线”命令绘制直线与弧

七、派生曲线的绘制

选择一条或几条直线后，系统自动生成其平行线、中线或角平分线。执行派生直线命令，主要有以下三种方式，如图 2-15 ~ 图 2-17 所示。

八、样条曲线的绘制

选择下拉菜单“插入”→“曲线”→“艺术样条”命令（或单击艺术样条按钮），绘制如图 2-18 所示的样条线。

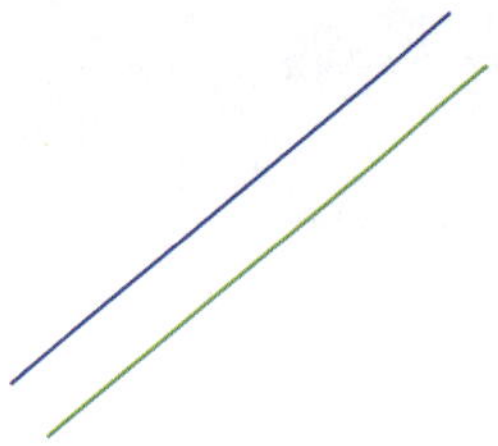

图 2-15　派生平行线

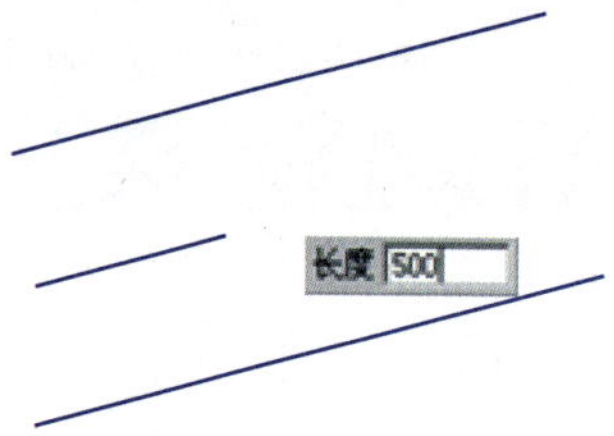

图 2-16　派生两条平行线中间的直线

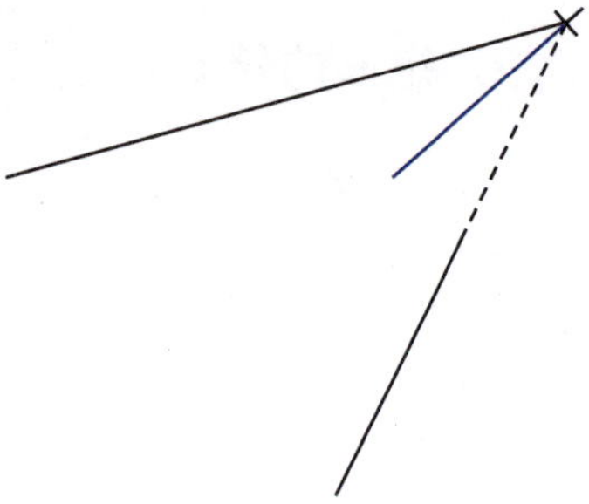

图 2-17　派生角平分线

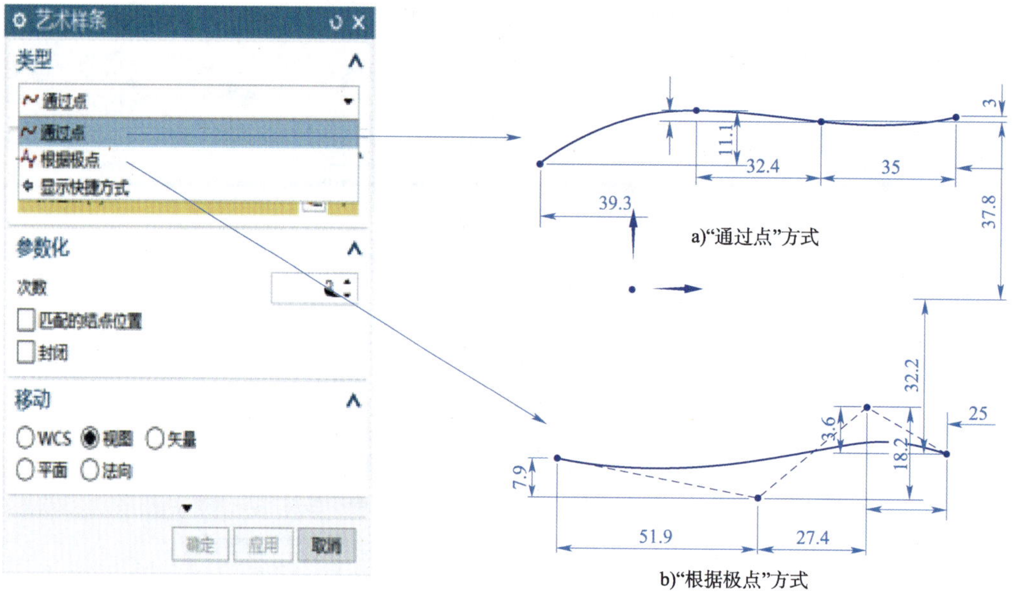

图 2-18　“艺术样条”绘制示意图

九、点的绘制

单击“点”按钮，系统弹出“草图点”对话框，如图 2-19 所示。

选择“菜单”→“插入”→“基准/点”→“点”，出现“点”对话框，如图 2-20 所示。

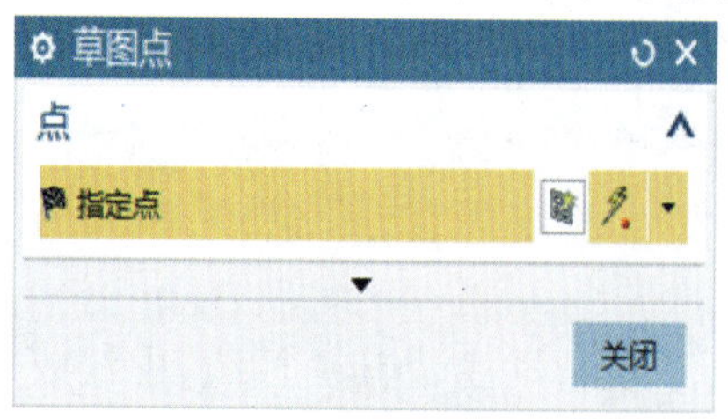

图 2-19　“草图点”对话框

十、制作拐角

单击“制作拐角”按钮，系统弹出“制作拐角”对话框，如图 2-21 所示。

图 2-20　“点命令调用”示意图

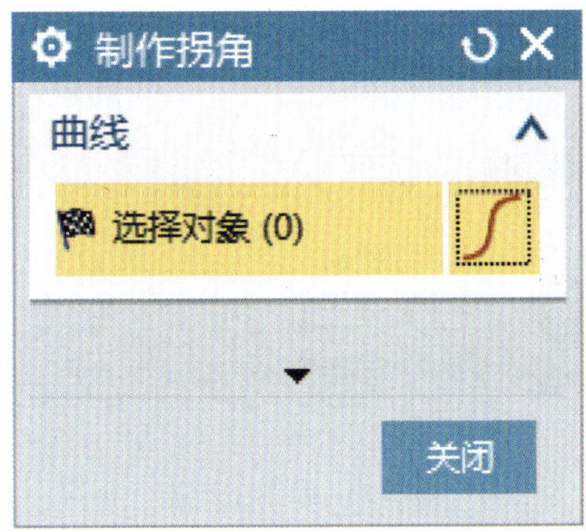

图 2-21　“制作拐角”对话框

十一、删除对象

在图形区单击或框选要删除的对象(框选时要框住整个对象),可看到选中的对象变成蓝色。按下键盘上的 Delete 键,所选对象即被删除。

十二、移动对象

选择下拉菜单“编辑”→“移动对象”命令,则出现如图 2-22 所示对话框。

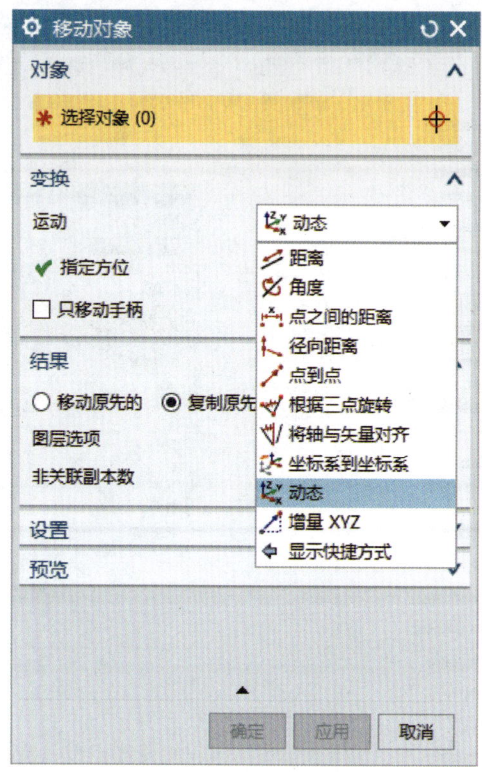

图 2-22 “移动对象”对话框

十三、快速修剪

快速修剪是以任一方向将曲线修剪至最近的交点或选定的曲线，其命令的调用如下。

(1)点击草图工具条上的快速修剪按钮 ，如图 2-23 所示。

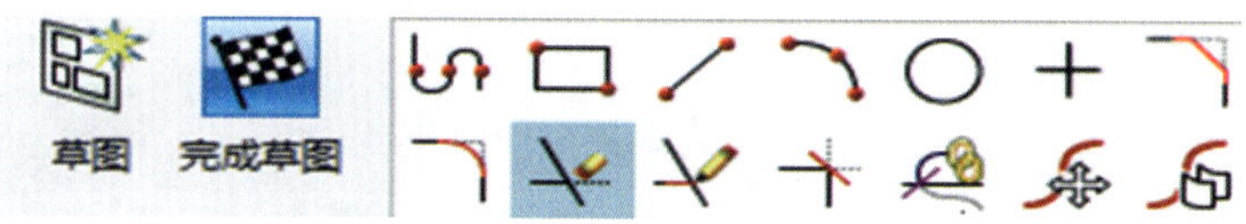

图 2-23 草图工具条

(2)选择“菜单”→“编辑”→“草图曲线”→“快速修剪”，则出现“快速修剪”对话框，具体操作如图 2-24 所示。

十四、快速延伸

快速延伸是将曲线延伸至另一邻近曲线或选定的曲线，其命令的调用如下。

(1)点击草图工具条上的快速延伸按钮 ，如图 2-25 所示。

(2)选择:“菜单”→“编辑”→“草图曲线”→“快速延伸”，则出现如图 2-26 所示对话框。

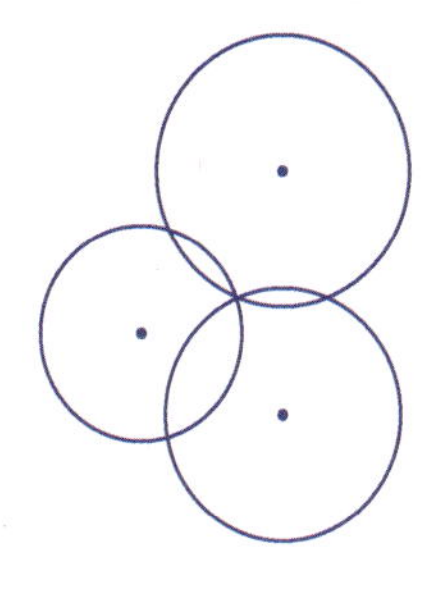

图 2-24　“快速修剪”示意图

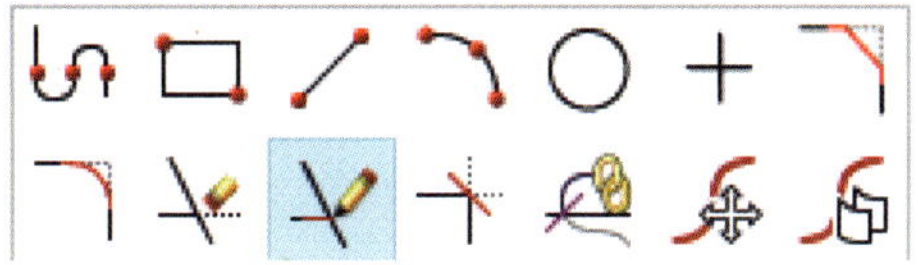

图 2-25　“快速延伸”工具条

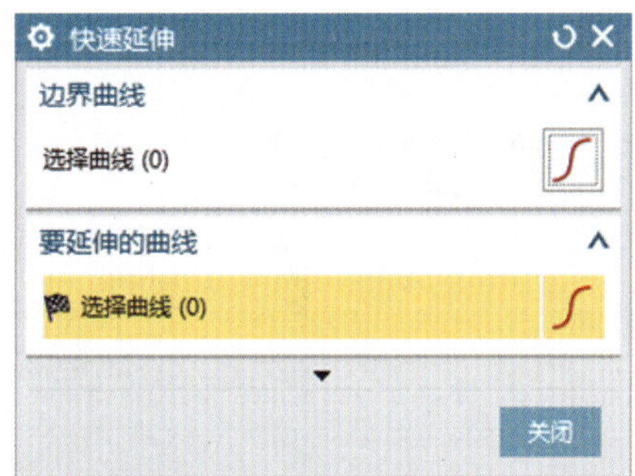

图 2-26　“快速延伸”对话框

十五、镜像

镜像可以将草图对象以一条直线为对称中心，将所选取的对象以这条对称中心为轴进行复制，生成新的草图对象。

选择下拉菜单“插入”→“草图曲线”→“镜像曲线”命令或者点击工具按钮，系统弹出“镜像曲线”对话框，如图 2-27 所示。通过此对话框用户可以创建镜像曲线。

十六、偏置曲线

偏置曲线就是对当前草图中的曲线进行偏移，从而产生与源曲线相关联、形状相似的新的曲线。

选择下拉菜单“插入”→“派生曲线”命令，系统弹出 “偏置曲线”对话框。通过此对话框用户可以创建如图 2-28 所示的偏置曲线。

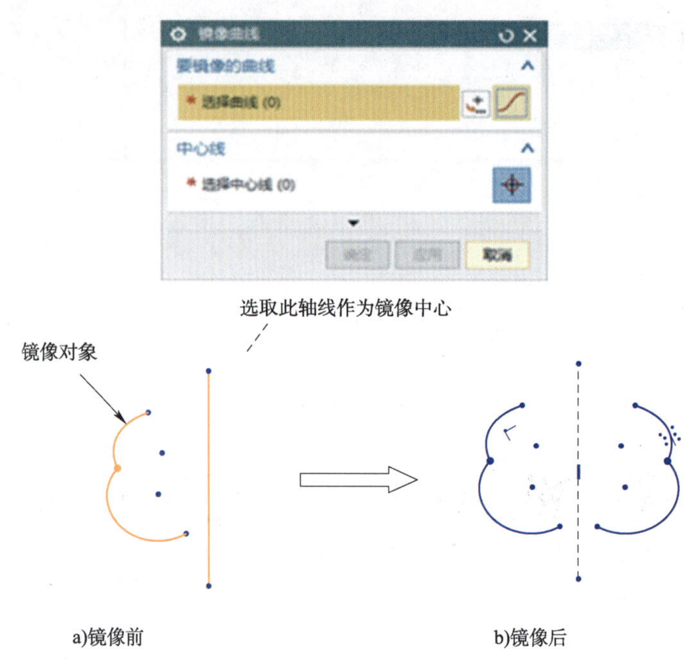

图 2-27 “镜像”对话框

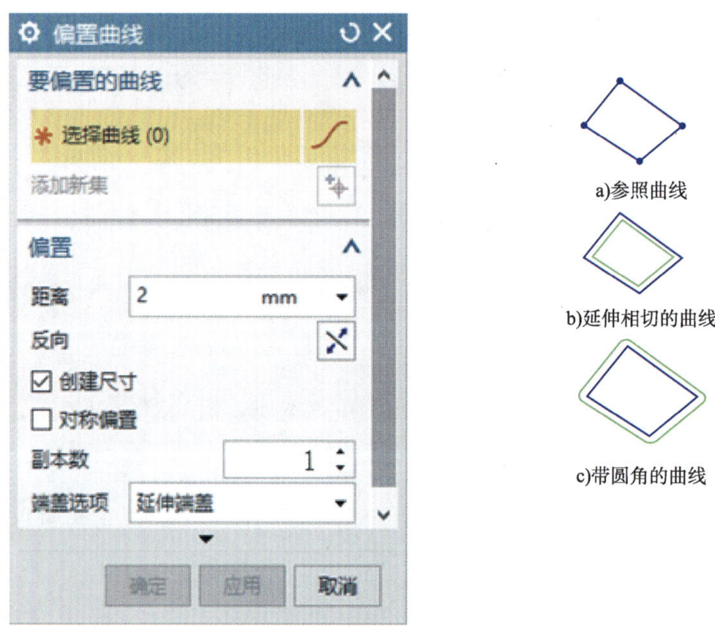

图 2-28 “偏置曲线”示意图

十七、椭圆的绘制

执行椭圆命令，主要有以下两种方式。

(1)菜单：选择“菜单”→“插入”→“曲线”→“椭圆”命令。

(2)功能区:单击“主页”选项卡“曲线”组中的“椭圆”按钮⊙。

执行上述操作后,打开“椭圆”对话框,创建椭圆如图2-29所示。

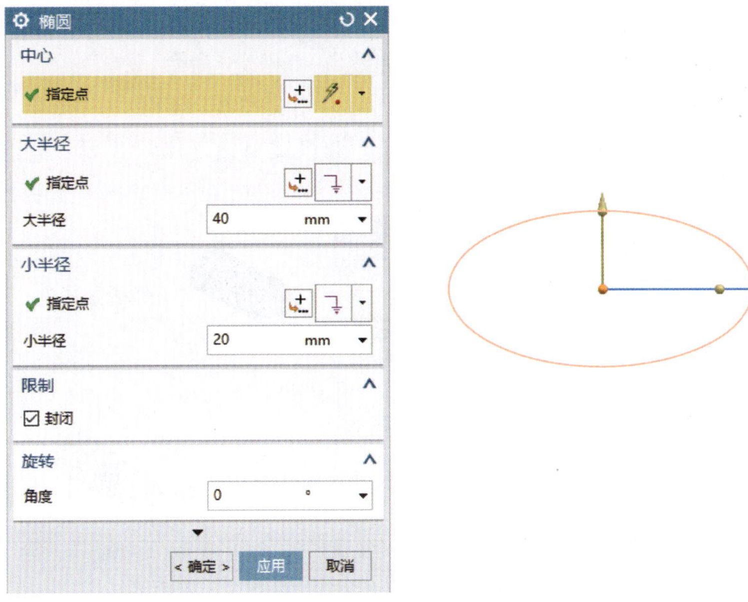

图2-29　“椭圆”的创建

十八、多边形的绘制

执行多边形命令,主要有以下两种方式。

(1)菜单:选择“菜单”→“插入”→“草图曲线”→“多边形”。

(2)功能区:单击“主页”选项卡“曲线”组中的“多边形”按钮。

执行上述操作后,打开“多边形”对话框,创建多边形的示意图如图2-30所示。

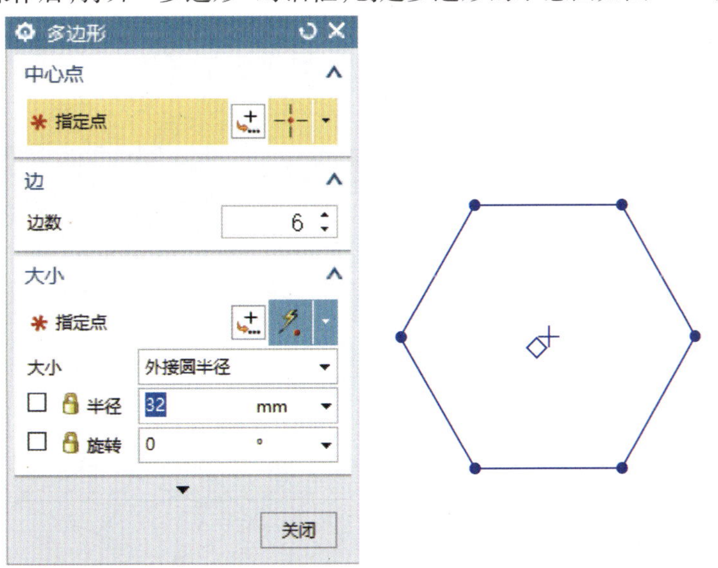

图2-30　“多边形”创建示意图

十九、相交曲线

相交曲线命令主要有以下两种方式。

(1)菜单:选择“菜单”→“插入”→“派生曲线”→“相交”命令。

(2)功能区:单击“主页”选项卡“曲线”组中的“相交曲线”按钮。

执行上述操作后,打开“相交曲线”对话框。通过此对话框用户可以创建草图平面与指定几何体的相交线,如图2-31所示。

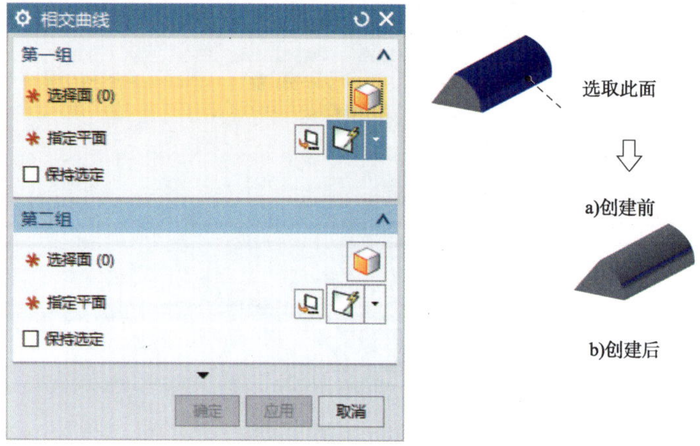

图2-31　相交曲线

二十、投影曲线

投影曲线命令用于将选中的对象沿草图平面的法向投影到草图的平面上。通过选择草图外部的对象,可以生成抽取的曲线或线串,能够抽取的对象包括曲线(关联或非关联的)、边、面、其他草图或草图内的曲线和点。执行投影曲线命令,主要有以下两种方式。

(1)菜单:选择“菜单”→“插入”→“草图曲线”→“投影曲线”命令。

(2)功能区:单击“主页”选项卡“曲线”组中的“投影曲线”按钮。

执行上述操作后,打开“投影曲线”对话框,具体操作如图2-32所示。

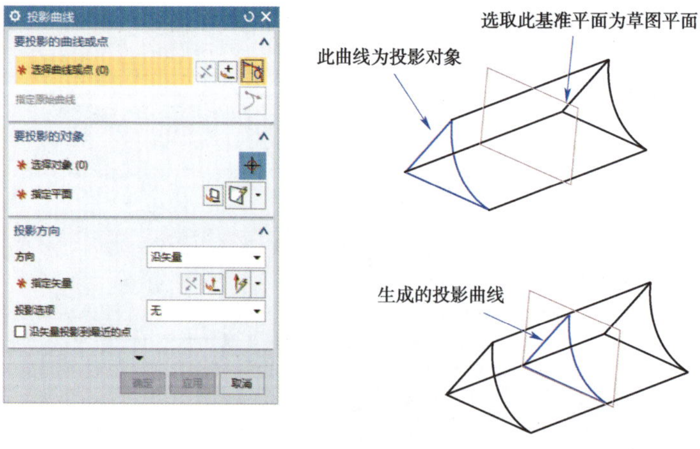

图2-32　“投影曲线”操作示意图

第三节 草图的几何约束

一、草图约束概述

草图约束主要包括几何约束（图 2-33）和尺寸约束（图 2-34）两种类型。几何约束是用来定位草图对象和确定草图对象之间相互关系的，而尺寸约束是用来驱动、限制和约束草图几何对象的大小和形状的。

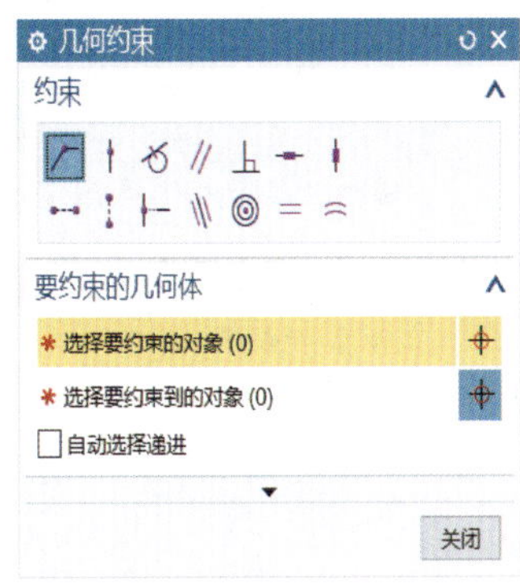

图 2-33 几何约束

图 2-34 尺寸约束

二、草图约束工具条

草图约束工具条如图 2-35 所示。

三、添加几何约束

在二维草图中，添加几何约束主要有手工添加几何约束和自动产生几何约束两种方法。

（1）方法一：手工添加几何约束是指对所选对象由用户自己来指定某种约束（图 2-36）。

（2）方法二：自动产生几何约束是指系统根据选择的几何约束类型以及草图对象间的关系，自动添加相应的约束到草图对象上。

自动约束在可行的地方自动应用到草图的几何约束类型（如水平、竖直、平行、相切、点在曲线上、等长、等半径、重心、同心）。

执行建立自动约束命令主要有一种方式：单击“主页”选项卡“约束”组中的“自动约束”按钮，执行上述操作后，系统打开“自动约束”对话框。

“自动约束”对话框中的选项说明如下。

全部设置：选中所有约束类型。

全部清除：清除所有约束类型。

距离公差：用于控制对象端点的距离必须达到的接近程度才能闭合。

角度公差：用于控制系统要应用水平、竖直、平行或垂直约束，直线必须达到的接近程度。

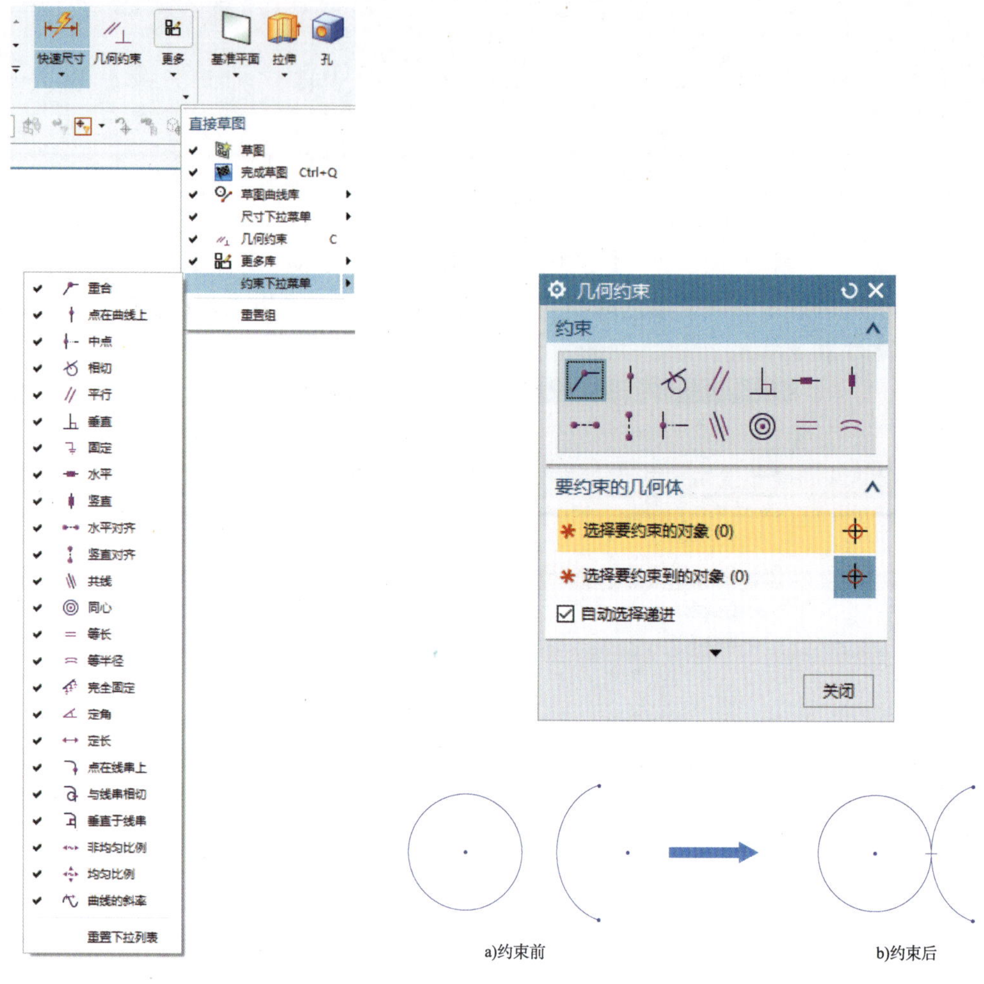

图 2-35 草图约束工具条

图 2-36 添加相切约束

四、显示/移除约束

显示/移除约束用于显示与所选草图几何体相关的几何约束，还可以删除指定的约束，或列出所有几何约束的信息。

执行“显示/移除约束”命令，主要有一种方式：单击“主页”选项卡“约束”组中的“显示/移除约束”按钮，执行上操作后，系统打开如图 2-37 所示的“显示/移除约束”对话框。

1. 列出以下对象的约束

该选项用于控制列在约束列表框中的约束。

(1)选定的对象(上)：一次只能选择一个对象，选择其他对象将自动取消选择以前选中的。选定的对象(下)：选择多个对象，方法是逐个选择，或使用矩形选择方式同时选中，选择其他对象不会取消选择以前选中的对象。列表框列出了与全部选中对象相关的约束。

(2)活动草图中的所有对象：显示激活的草图中的所有约束。

2. 约束类型

该选项用于过滤在列表框中显示的约束类型。

(1)包含:用于确定指定的“约束类型”是列表框中显示的唯一类型,是默认设置。

(2)排除:用于确定指定的“约束类型”不是显示的唯一类型。

3. 显示约束

该选项用于控制在约束列表框中出现的约束的显示。

(1)显示:对于由用户显式生成的约束。

(2)自动判断:对于曲线生成过程中由系统自动生成的约束。

(3)两者皆是:具备以上二者。

①约束列表框:用于列出选中的草图几何体的几何约束。

该列表框受控于显示约束选项的设置。“自动推断的”几何约束(即在曲线生成过程中。由系统自动生成)在后面括号内带有I符号,即(I)。

②列表框步骤箭头:用于控制位于约束列表框右的步骤箭头,可以上、下移动列表框中高亮显示的约束,次一项。与当前选中的约束相关联的对象将始终高亮显示在图形区。

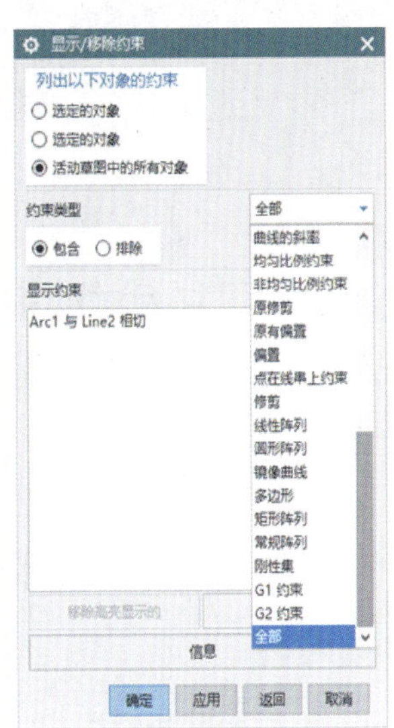

图 2-37　“显示/移除约束”工具条

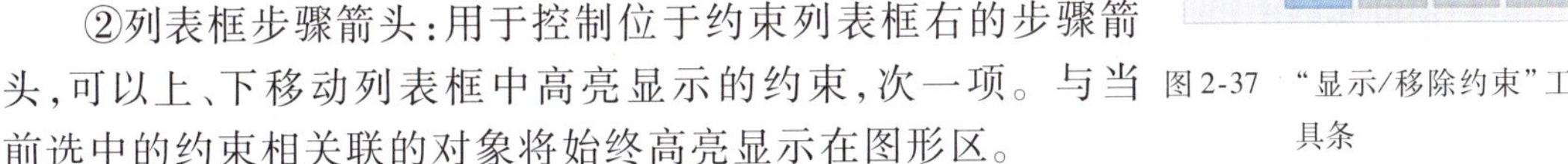

③移除高亮显示的:用于删除一个或多个约束。方法是在约束列表框中选择要删除的约束,然后单击该按钮。

④移除所列的:用于删除在约束列表中显示的所有列出的约束。

⑤信息:在信息窗口中显示有关激活的草图的所有几何约束信息。如果用户要保存或打印出约束信息,该选项很有用。

五、转换至/自参考对象

在给图添加几何约束和尺寸约束的过程中,有时会引起约束冲突,除多余的几何约束和尺寸约束可以解决约束冲突。另外一种办法是通过将草图几何对象或尺寸对象转换为参考对象,也可以解决约束冲突。

(1)执行“转换至/自参考对象”命令,主要有以下两种方式。

①菜单:选择“菜单”→“工具”→“草图约束”→“转换至/自参考对象”命令。

②功能区:单击“主页”选项卡“曲线”组中的“转换至/自参考对象”按钮。

执行上述操作后,打开“转换至/自参考对象”对话框,通过设置后,能够将草图曲线(但不是点)或草图尺寸由激活转换为参考,或由参考转换为激活。参考尺寸显示在用户的草图中,虽然其值被更新,但是它不能控制草图几何体。显示参考曲线,但它已变灰,并且采用双点划线线型。在拉伸和回转草图时,没有用到它的参考曲线。

(2)“转换至/自参考对象”对话框中的选项说明如下:

选择对象:选择要转换的草图对象或草图尺寸。

选择投影曲线:转换草图投影的所有输出曲线。

①参考曲线或尺寸:用于将激活对象转换为参考状态。

②活动曲线或驱动尺寸:用于将参考对象转换为激活状态。

第四节　草图的尺寸约束

一、添加尺寸约束

添加尺寸约束也就是在草图上标注尺寸，并设置尺寸标注线的形式与尺寸大小，来驱动、限制和约束草图几何对象(图 2-38)。

添加尺寸约束的命令调用：选择“菜单”→“插入”→“草图约束”→“尺寸”中的命令。主要包括如图 2-38 所示的几种标注方式。

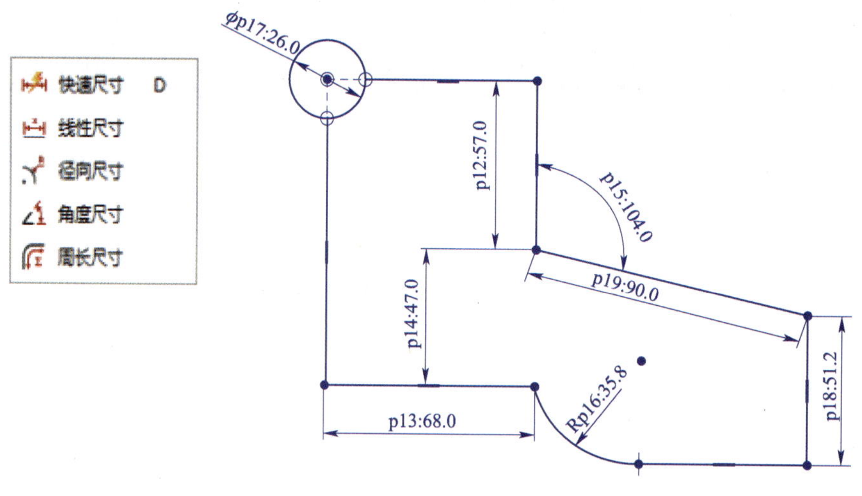

图 2-38　尺寸约束

二、修改草图约束

1. 约束的备选解

当用户对一个草图对象进行约束操作时，同一约束条件可能存在多种满足约束的情况，“备选解”操作正是针对这种情况的，它可从约束的一种解法转为另一种解法。

选择下拉菜单“工具”→“草图约束”→“备选解”命令，弹出“备选解”对话框，如图 2-39 所示。用户可以通过此对话框选择另一种解法，如图 2-40 和图 2-41 所示。

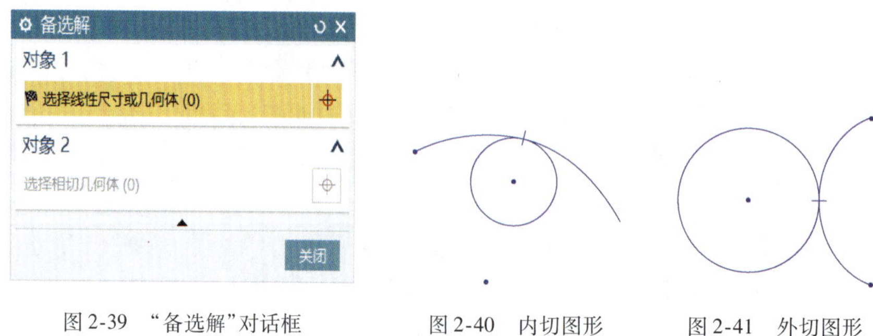

图 2-39　“备选解”对话框　　图 2-40　内切图形　　图 2-41　外切图形

2. 移动尺寸

为了使草图的布局更清晰合理，可以移动尺寸文本的位置。

首先将鼠标移至要移动的尺寸处，按住鼠标左键，然后左右或上下移动鼠标，可以移动尺寸箭头和文本框的位置，最后在合适的位置松开鼠标左键，完成尺寸位置的移动。

3. 修改尺寸值

修改草图的标注尺寸有如下两种方法。

(1)双击要修改的尺寸，在动态输入框中输入新的尺寸值，并按鼠标中键，完成尺寸的修改。

(2) 将鼠标移至要修改的尺寸处右击。在弹出的快捷菜单中选择“编辑值”命令。在弹出的动态输入框中输入新的尺寸值，单击鼠标中键完成尺寸的修改。

第五节　幸福体验

通过学习，我们可以感觉到UG这门软件有些神奇，可以做出那么多漂亮的图形，美化我们的生活环境，增强我们的幸福指数，同学们也已经对这门软件产生了兴趣，下面我们一起来做下面的实例，来巩固一下学过的知识。

一、设计范例

1. 范例1

范例1的轮廓草图如图2-42所示。

操作步骤：

(1)点击“文件”→“新建”，出现“新建”对话框，如图2-43所示设置文件名为“模型1”，点击“确定”，进入建模环境。

(2)点击“草图”，出现“创建草图”对话框(图2-44)。

(3)选择平面XY为作图平面，点击“矩形”工具，出现“矩形”对话框，选择“按2点”方式，输入第一点(-45,0)，输入矩形的宽度90和高度为30，完成矩形的绘制，如图2-45所示。

(4)点击“圆”工具，出现“圆”对话框，选择“圆心和直径定圆”的方法，选择矩形上边线为圆的圆心，绘制直径为30和50的两个同心圆，如图2-46所示。

(5)点击“快速修剪”工具，添加几何约束，完成图形的绘制，如图2-47所示。

2. 范例2

范例2的平面图如图2-48所示。

操作步骤：

(1)点击“文件”→“新建”，设置文件名为“模型2”，点击“确定”，进入建模环境。

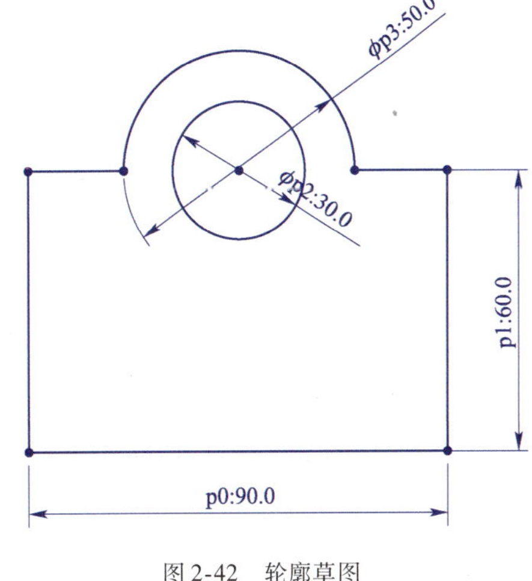

图2-42　轮廓草图

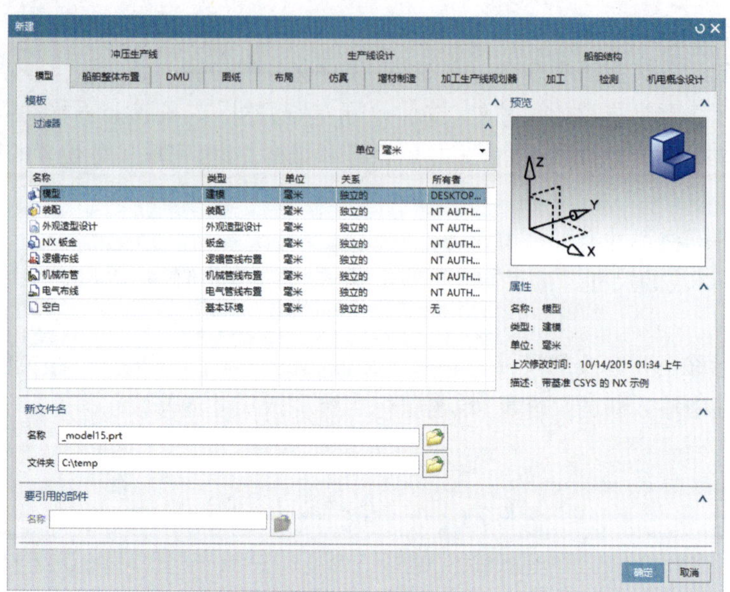

图 2-43 “新建”对话框

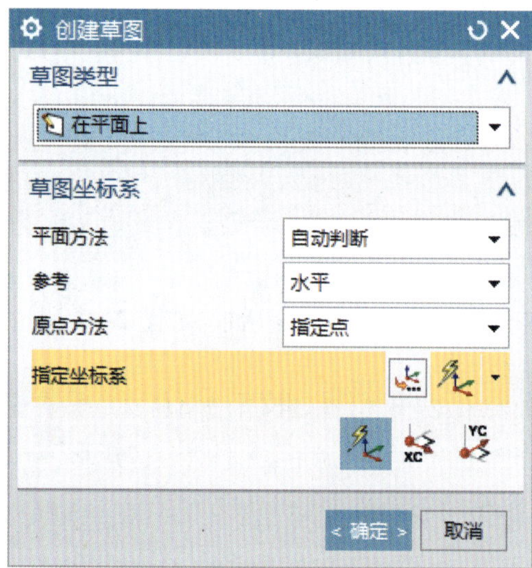

图 2-44 “创建草图”对话框

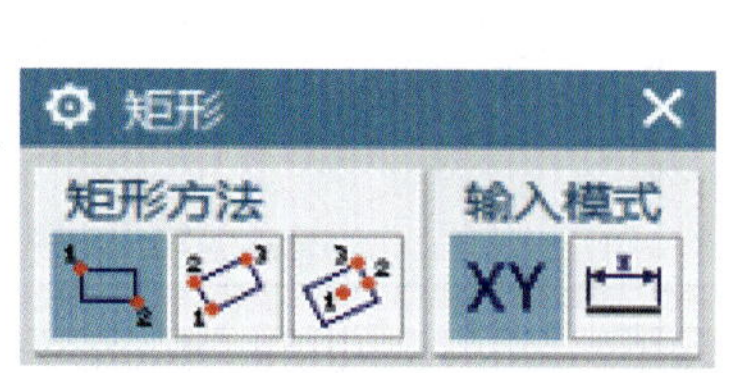

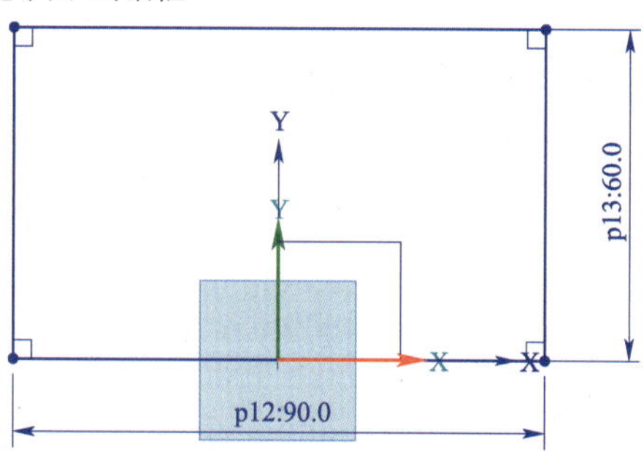

图 2-45 矩形草图

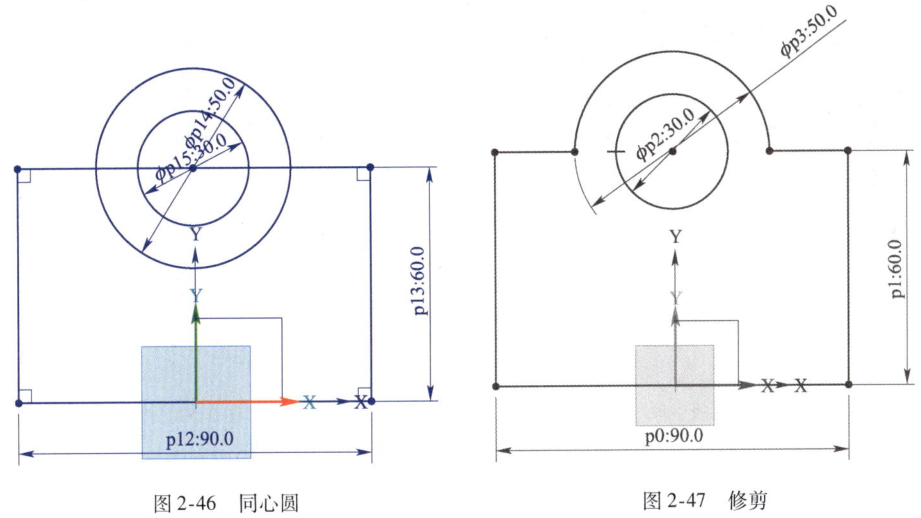

图 2-46　同心圆　　　　图 2-47　修剪

(2)点击“圆”,绘制一个半径为 36 的圆、直径为 20 和 32 的两个同心圆;添加几何约束,使同心圆的圆心在 X 轴上,如图 2-49 所示。

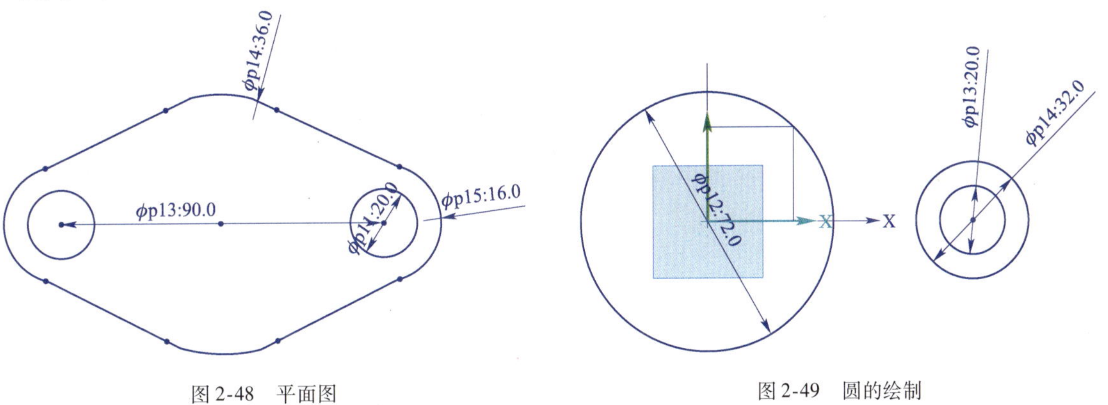

图 2-48　平面图　　　　图 2-49　圆的绘制

(3)点击“直线”工具,绘制二条直线,如图 2-50 所示。

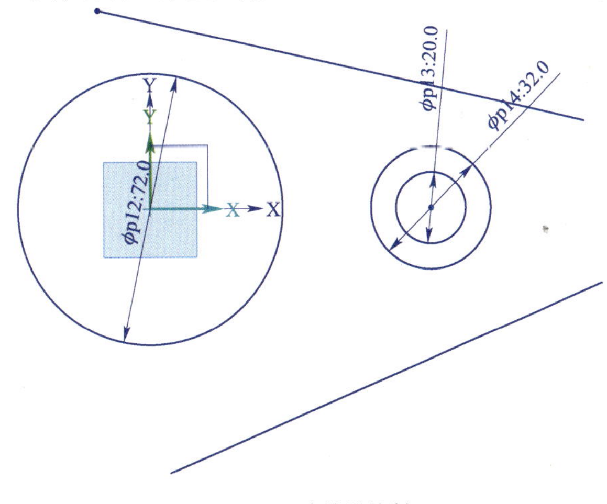

图 2-50　直线的绘制

(4)添加“相切”约束,如图 2-51 所示。

(5)快速延伸、快速裁剪,如图 2-52 所示。

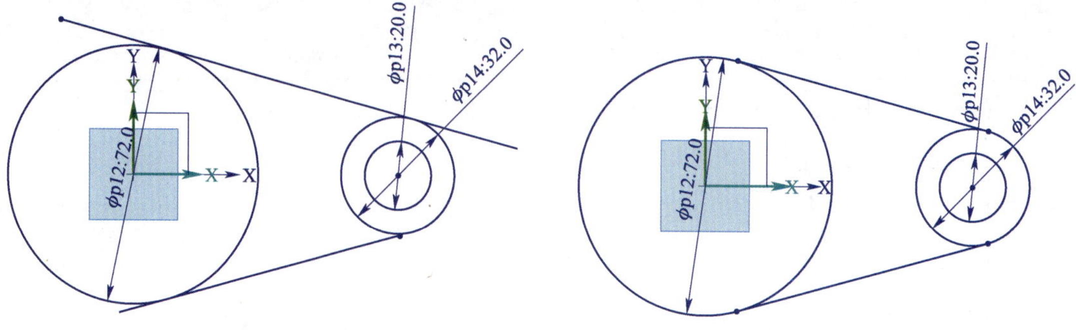

图 2-51　约束的添加

图 2-52　修剪

(6)点击“镜像曲线”工具,出现“镜像曲线”对话框,如图 2-53 所示。

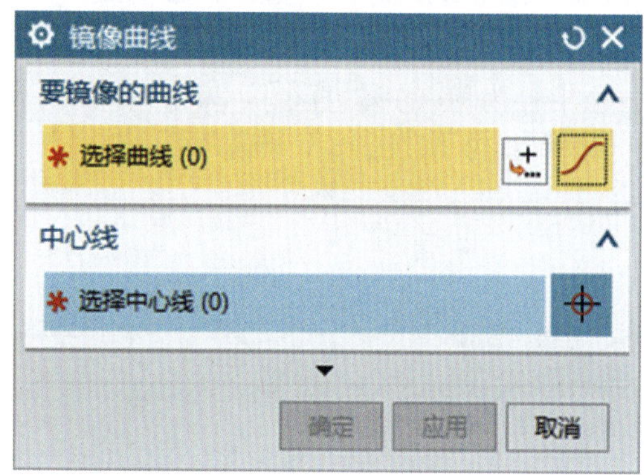

图 2-53　“镜像曲线”对话框

(7)选择同心圆和二条切线为要镜像的曲线,选择 Y 轴为镜像中心线,进行镜像操作,如图 2-54 所示。

(8)修剪多余线条,添加尺寸约束 90,隐藏尺寸约束,完成草图绘制,如图 2-55 所示。

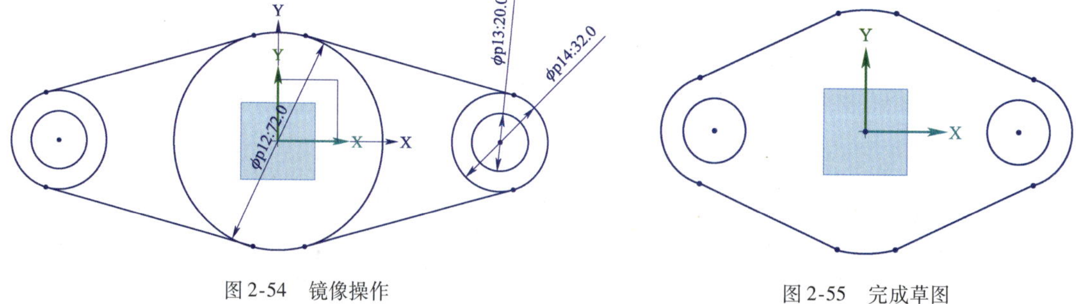

图 2-54　镜像操作

图 2-55　完成草图

二、幸福创意

同学们,通过对范例的学习,我们已经很轻松地掌握了草图工具的使用,是不是感到收获很大,并对学好 UG 软件信心满满呢? 下面由你们闪亮登场,设计一款如图 2-56 所示的办公椅吧! 送给你们的爸爸妈妈,让他们感觉更加幸福!

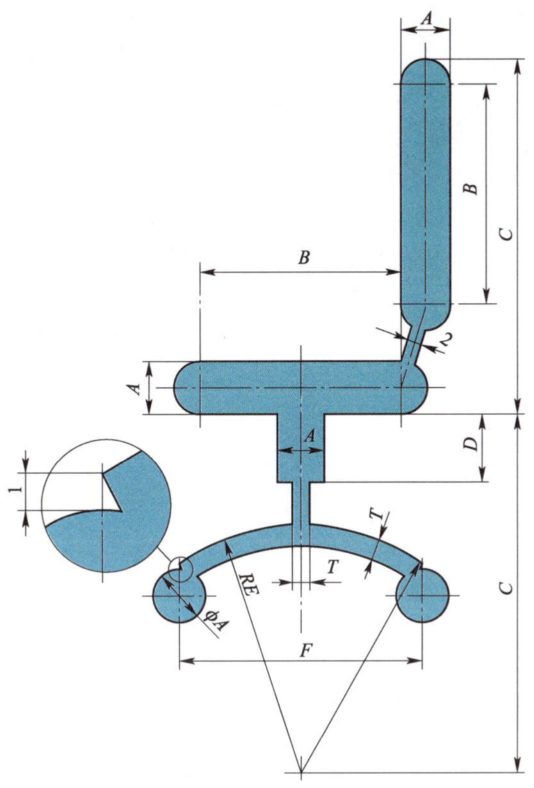

图 2-56　办公椅

同学们,我们能够绘制一款自己喜欢的办公椅,是不是很高兴啊?你们是不是在想:如果把它变成实体该有多好啊!好,下面我们就一起去探索 UG 强大的实体建模功能吧!你们定会收获很多知识与快乐!

第三章　创建实体特征

技能目标

1. 熟练使用实体建模工具。
2. 掌握实体建模的方法。
3. 能够利用工具进行零件设计。

第一节　实体特征操作界面

一、新建模型文件

新建一个模型文件，可以采用以下步骤：

选择下拉菜单“文件”→“新建”命令。

弹出如图 3-1 所示的建立“新建文件”对话框。

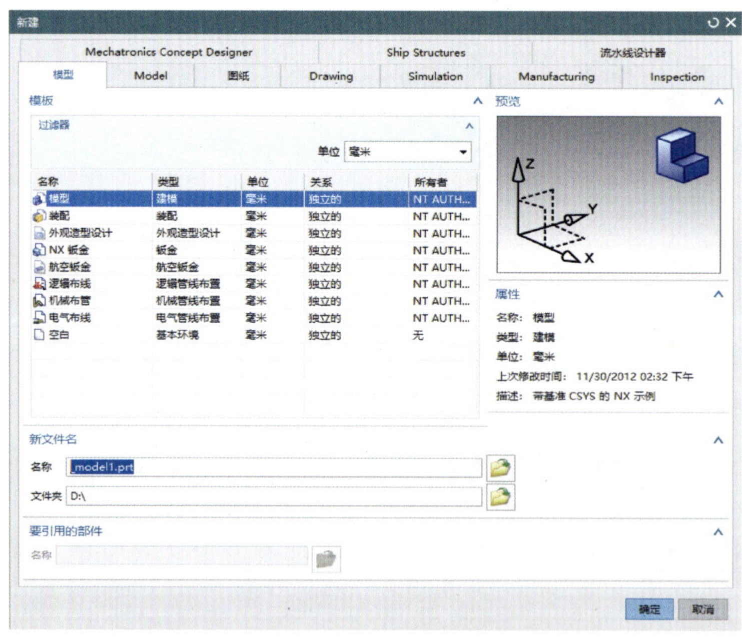

图 3-1　“新建文件”对话框

二、文件保存

1. 保存

在 UG NX 12.0 中,选择下拉菜单“文件”→“保存”命令,即可保存文件。

2. 另存为

选择下拉菜单“文件”→“另存为”命令,系统弹出如图 3-2 所示的“另存为”对话框。可以利用不同的文件名存储一个已有的部件文件作为备份。

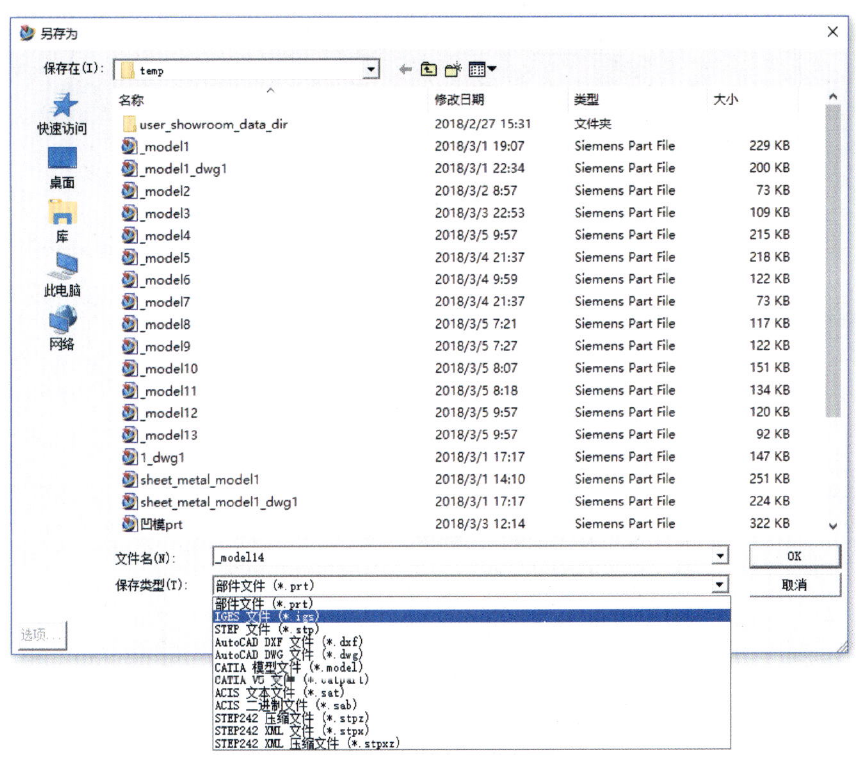

图 3-2　“另存为”对话框

三、打开文件

1. 打开一个文件

“打开”对话框如图 3-3 所示。

2. 打开多个文件

在同一进程中,UG NX 12.0 允许同时创建和打开多个部件文件,可以在几个文件中不断切换并进行操作,很方便地同时创建彼此有关系的零件。

在下拉菜单“窗口” 中选择文件,每次选中不同的文件即可互相切换,下拉菜单如图 3-4 所示。如果打开的文件超过 10 个,选择下拉菜单“窗口”→ “更多”命令,弹出“更改窗口”对话框(图 3-5),可以在对话框中选择所需的部件。

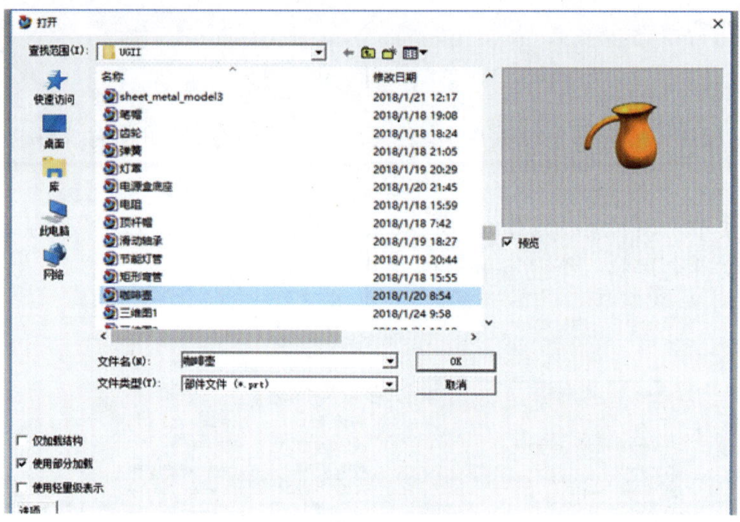

图 3-3 “打开”对话框

四、关闭部件和退出 UG NX 12.0

1. 关闭选择的部件

选择下拉菜单“文件”→“关闭”命令，弹出如图 3-6 所示的“关闭部件”对话框。通过此对话框可以关闭选择的一个或多个打开的部件文件。

图 3-4 “窗口”下拉菜单

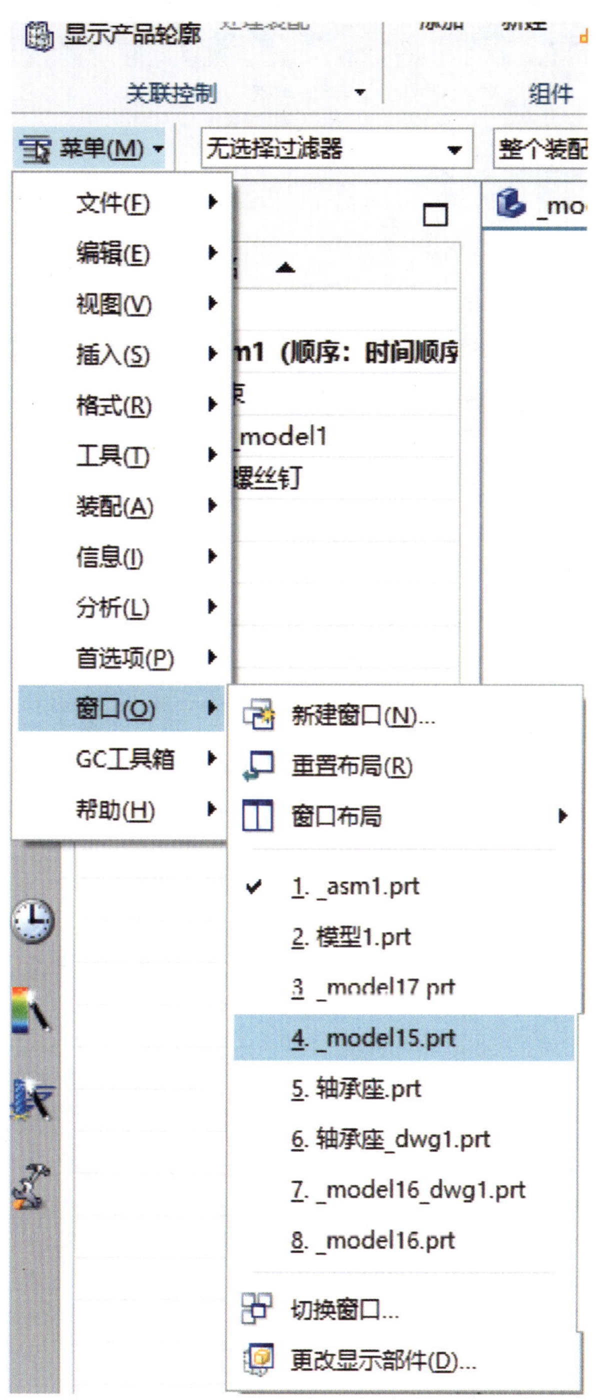

图 3-5 “更改窗口”对话框

2. 退出 UG NX 12.0

选择下拉菜单“文件”—“退出”命令，如果部件文件已被修改，系统会弹出如图 3-7 所示的“退出”对话框。单击按钮，退出 UG NX 12.0。

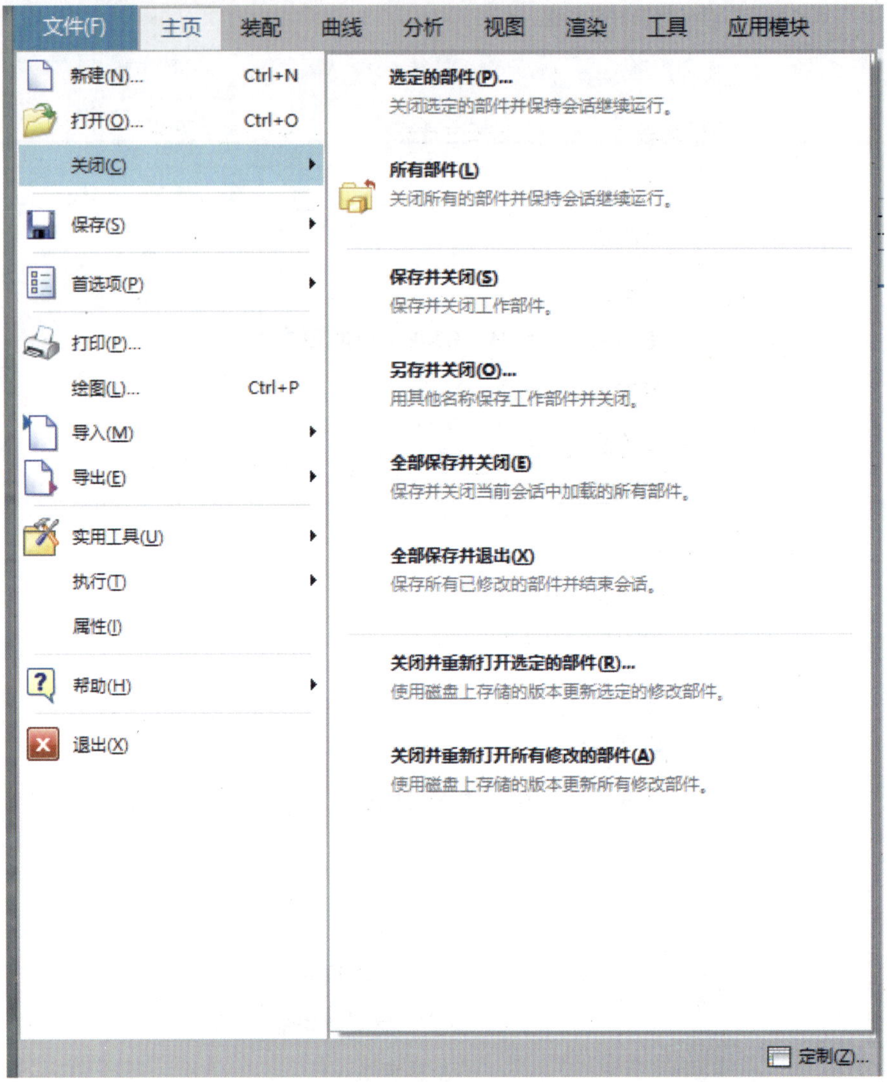

文件(F)
主页
装配
曲线
分析
视图
渲染
工具
应用模块
新建(N)... Ctrl+N
打开(O)... Ctrl+O
关闭(C)
保存(S)
首选项(P)
打印(P)...
绘图(L)... Ctrl+P
导入(M)
导出(E)
实用工具(U)
执行(T)
属性(I)
帮助(H)
退出(X)
选定的部件(P)...
关闭选定的部件并保持会话继续运行。
所有部件(L)
关闭所有的部件并保持会话继续运行。
保存并关闭(S)
保存并关闭工作部件。
另存并关闭(O)...
用其他名称保存工作部件并关闭。
全部保存并关闭(E)
保存并关闭当前会话中加载的所有部件。
全部保存并退出(X)
保存所有已修改的部件并结束会话。
关闭并重新打开选定的部件(R)...
使用磁盘上存储的版本更新选定的修改部件。
关闭并重新打开所有修改的部件(A)
使用磁盘上存储的版本更新所有修改部件。
定制(Z)...

图 3-6　关闭部件对话框

关闭文件
您要关闭的文件已修改。
要在关闭之前保存它吗?
_model1.prt
是 - 保存并关闭(Y)
否 - 关闭(N)
取消(C)

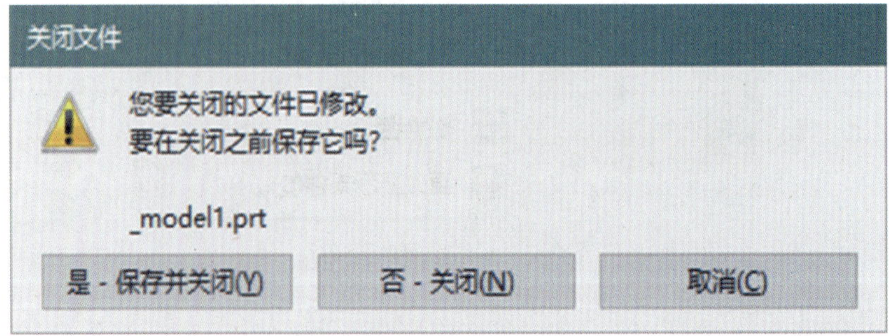

图 3-7　“退出”对话框

第二节　基本特征

常用的基本特征为长方体(图3-8)、圆柱体(图3-9)、圆锥体(图3-10、图3-11)、球体(图3-12)。

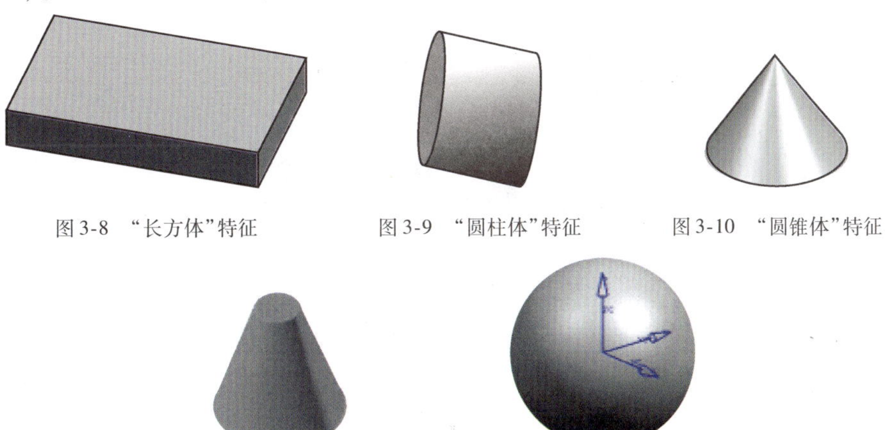

图3-8　“长方体”特征　　图3-9　“圆柱体”特征　　图3-10　“圆锥体”特征

图3-11　“圆锥”特征　　图3-12　“球体”特征

一、长方体特征操作

命令调用方法如下。

菜单:“菜单”→“插入”→“设计特征”→“长方体(K)……”,出现“长方体”对话框,如图3-13所示。

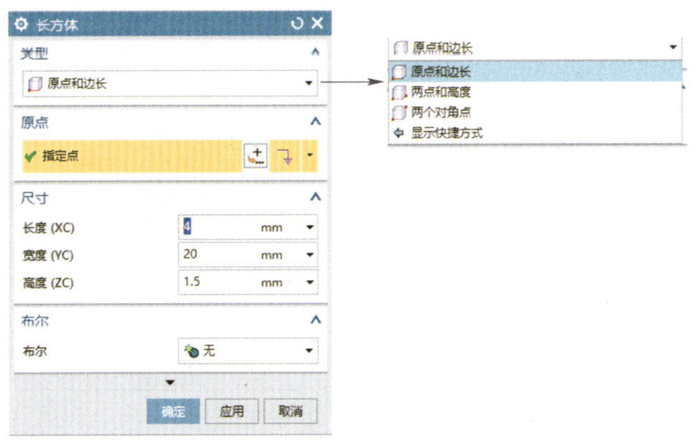

图3-13　“长方体”对话框

二、圆体特征操作

命令调用方法如下。

菜单:“菜单”→“插入”→“设计特征”→“圆柱(C)……”,出现“圆柱”对话框,如图3-14所示。

图 3-14 “圆柱”对话框

三、圆锥特征操作

命令调用方法如下。

菜单:“菜单”→“插入”→“设计特征”→“圆锥(O)……”,出现“圆锥”对话框,如图 3-15 所示。

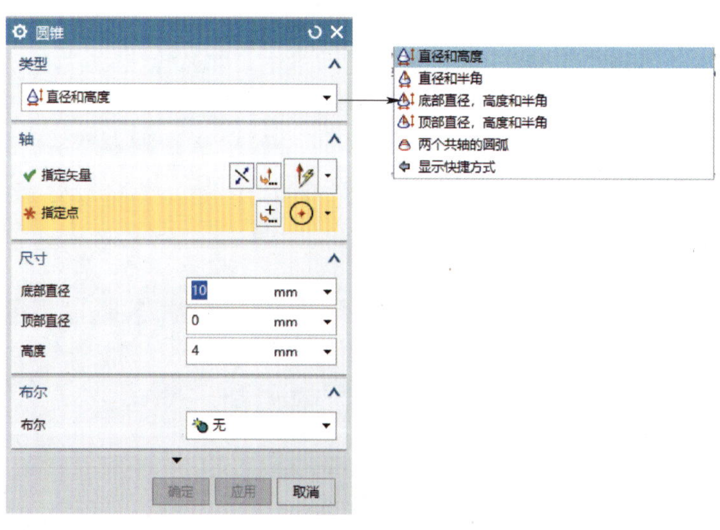

图 3-15 “圆锥”对话框

四、球特征操作

命令调用方法如下。

菜单:“菜单”→“插入”→“设计特征”→“球(S)……”,出现“球”对话框,如图 3-16 所示。

图 3-16 “球”对话框

第三节 布尔运算

布尔操作可以将原先存在的多个独立的实体进行运算,以产生新的实体。进行布尔运算时,首先选择目标体(即被执行布尔运算的实体,只能选择一个),然后选择刀具体(即在目标体上执行操作的实体,可以选择多个),运算完成后,刀具体成为目标体的一部分,而且如果目标体和刀具体具有不同的图层、颜色、线型等特性,产生的新实体具有与目标体相同的特性。如果部件文件中已存有实建立新特征时,新特征可以作为刀具体,已存在的实体作为目标体。

一、求和

执行求和命令,主要有以下两种方式。

(1)菜单:选择“菜单”→“插入”→“组合”→“合并”命令。

(2)功能区:单击“主页”选项卡“特征”组中的“合并”按钮。

执行上述操作后,系统打开如图 3-17 所示的“合并”对话框。该对话框用于将两个或多个实体的体积组合在一起,构成单个实体,其公共部分完全合并到一起,结果如图 3-18 所示。

图 3-17 “合并”对话框

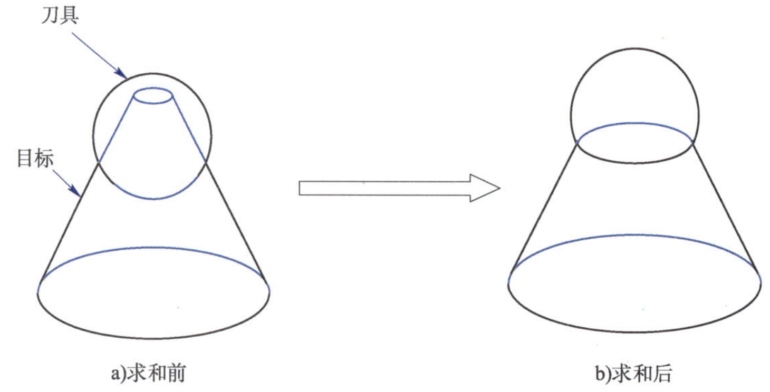

图 3-18 布尔求和操作

二、求差

布尔求差操作用于将刀具体从目标体中移除。

选择下拉菜单“插入”→“组合”→“减去”命令，弹出如图 3-19 所示的“求差”对话框。用户可以通过此对话框进行求差操作，如图 3-20 所示。

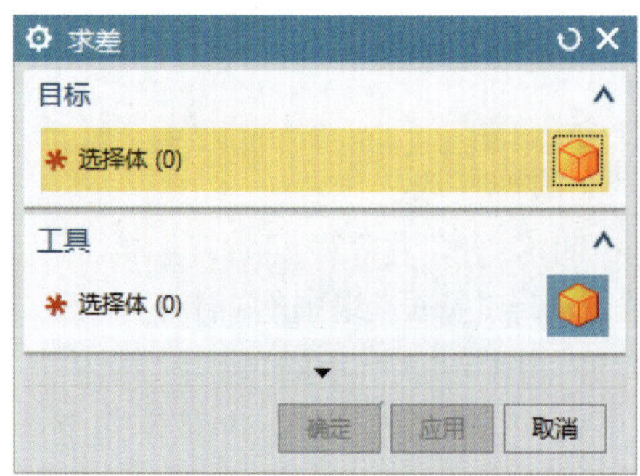

图 3-19 “求差”对话框

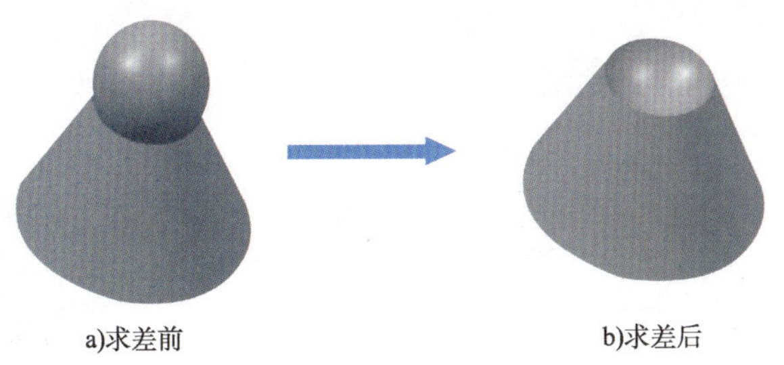

图 3-20　布尔求差操作

注意：

(1)目标体和工具体不相交或相接，则运算结果保持为目标体不变。

(2)实体与实体、片体与实体、实体与片体之间都可进行求差运算，但片体与片体之间不能进行求差运算。实体与片体的差，其结果为非参数化实体。

(3)布尔“求差”运算时，若目标体进行求差运算后的结果为两个或多个实体，则目标体将丢失数据，也不能将一个片体变成两个或多个片体。

(4)求差运算的结果不允许产生0厚度，即不允许目标实体和工具体的表面刚好相切。

三、求交

布尔求交操作用于创建两个不同实体的共有部分。进行布尔求交运算时，刀具体与目标体必须相交。

选择：“菜单”→“插入”→“组合”→“相交”命令，弹出如图 3-21 所示的“相交”对话框。用户可以通过此对话框进行相交操作，如图 3-22 所示。

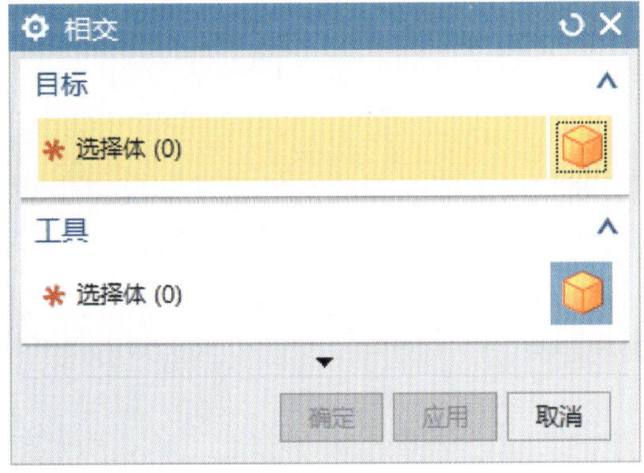

图 3 21　“求交”对话框

四、布尔运算注意事项

如果布尔运算的使用不正确，可能出现错误，其出错信息如下。

(1)在进行实体的求差和求交运算时，所选刀具体必须与目标体相交，否则系统会发布警告信息：“刀具体完全在目标体外”。

(2)如果刀具体横断目标体，将目标体一分为二，则系统会发布警告信息：“操作使产生的实体非参数化”。

(3)在进行操作时，如果没有使用复制目标，且没有创建一个或多个特征，则系统会发布

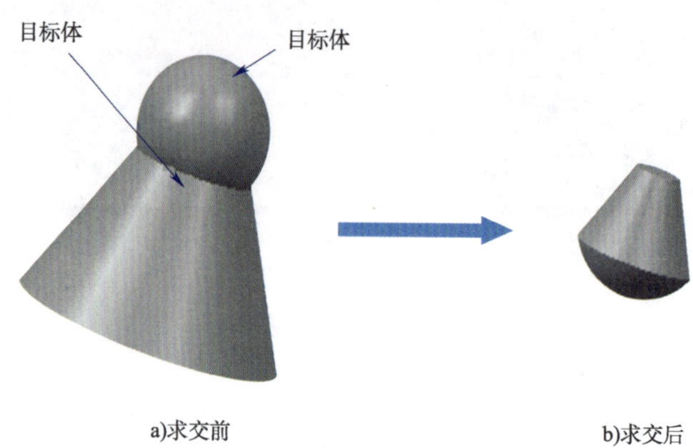

图 3-22 布尔求交操作

警告信息:“仅为选定的(数量)刀具体创建了(数量)特征”。

(4)在进行操作时,如果使用复制目标,且没有创建一个或多个特征,则系统会发布警告信息:“不能创建任何特征”。

(5)在进行操作时,如果不能创建任何特征,则系统会发布警告信息:“不能创建任何特征”。

(6)如果在执行一个片体与另一个片体求差操作时,则系统会发布警告信息:“非歧义实体”。

(7)如果在执行一个片体与另一个片体求交操作时,则系统会发布警告信息:“无法执行布尔运算”。

第四节 设计范例

同学们,接下来我们共同完成范例 3 螺丝钉的建模。在建模过程中你们会发现这个软件的奇妙,它会极大地挑起你们的学习热情,满足你们的好奇心,你们更会跃跃欲试地想制作自己的作品,收获学习带给你的幸福与充实!

范例 3 零件图如图 3-23 所示。

操作步骤如下。

(1)点击“文件”→“新建”,设置文件名为“螺丝钉”,点击“确定”,进入建模环境。

(2)点击“菜单”→“插入”→“设计特征”→“圆锥(O)”,出现“圆锥”对话框,如图 3-24 所示。

(3)输入圆锥的底部直径为 16,顶部直径为 10,高度为 6,生成圆锥,如图 3-25 所示。

(4)点击“菜单”→“插入”→“设计特征”→“圆柱(C)”,出现“圆柱”对话框,如图 3-26 所示。

(5)输入圆柱的直径为 10,高度为 30,布尔运算选择“合并”,选择上一步生成的圆锥为合并的选择体,指定点为圆锥上表面的圆心,生成圆柱体如图 3-27 所示。

(6)在圆柱体的上表面生成一个底圆直径为 10,顶圆直径为 0,高度为 4 的圆锥,如图 3-28 所示。

(7)点击“菜单”→“插入”→“设计特征”→“长方体(K)”,出现“长方体”对话框,输入长方体的尺寸,长为 4,宽为 20,高度为 1.5,布尔运算选择“减去”,如图 3-29 所示。

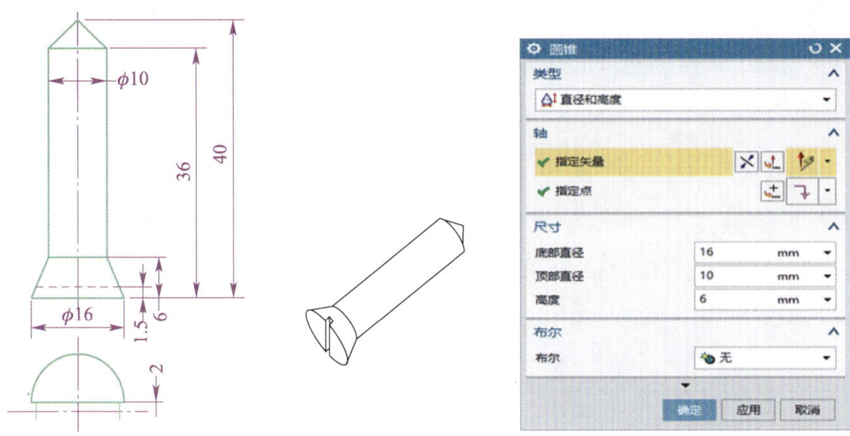

图 3-23　螺丝钉零件图

图 3-24　“圆锥”对话框

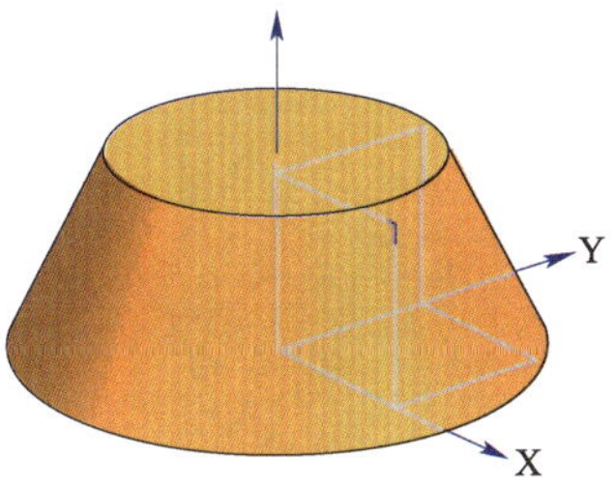

图 3-25　圆锥

图 3-26　“圆柱”对话框

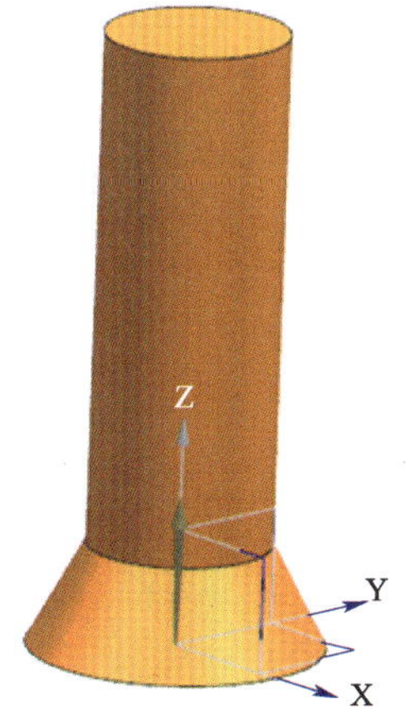

图 3-27　螺丝钉圆柱

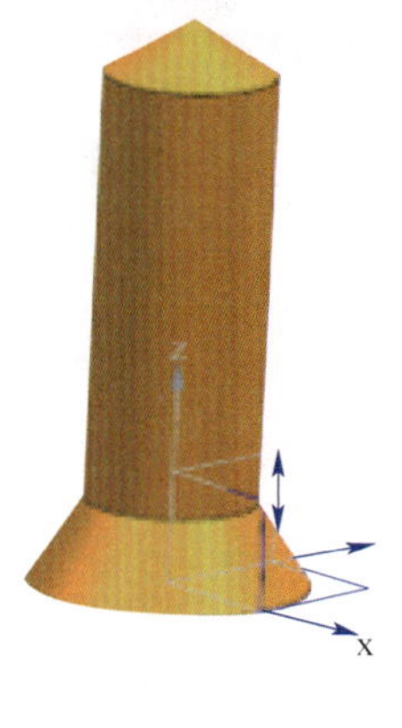

图 3-28 “圆锥”对话框

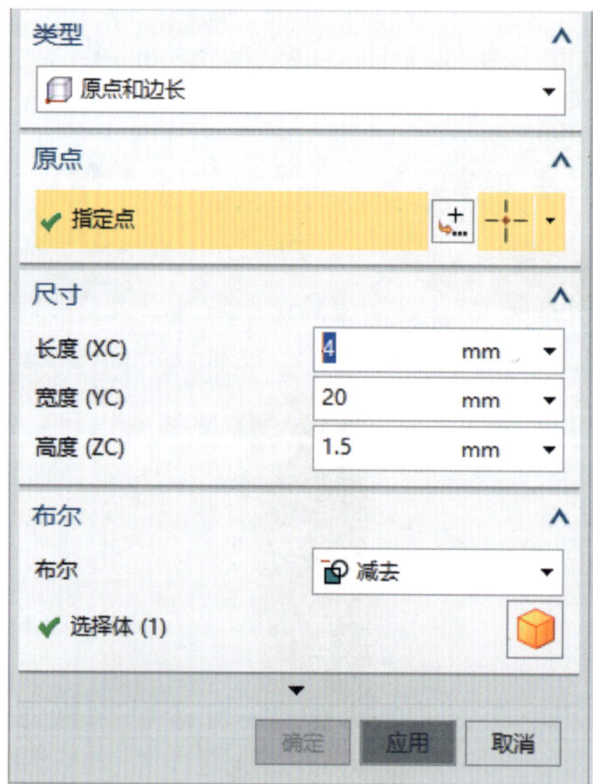

图 3-29 “长方体”对话框

(8)点击[icon],出现"点"对话框,设置原点的位置为"-2,-10,0",如图3-30所示。

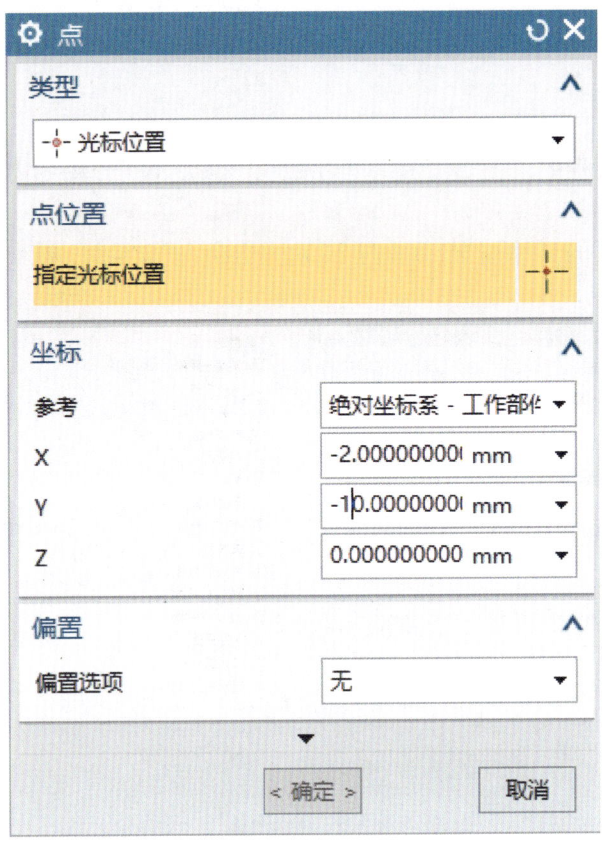

图3-30　"点"对话框

(9)点击"确定",生成方槽,如图3-31所示。

(10)隐藏坐标系,完成螺丝钉的生成,如图3-32所示。

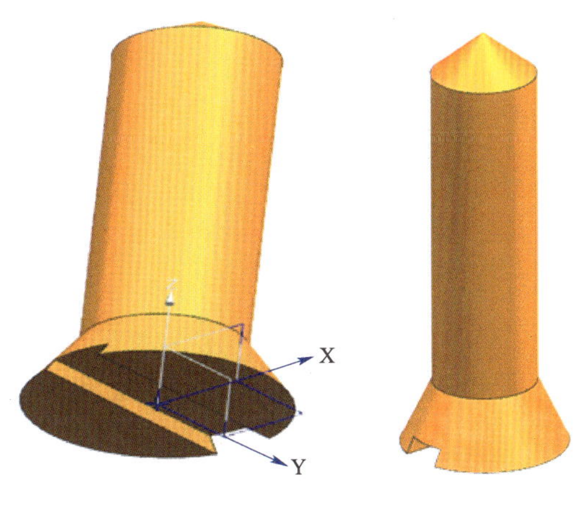

图3-31　方槽　　　　图3-32　螺丝钉

第五节　基于草图的实体特征

一、基准平面

在实际作图的过程中，三个基本的基准平面已经满足不了作图的需要，那么就需要我们创建基准平面。

根据生成的特征的具体情况，我们需要建立合适的基准面，基准面的种类如图 3-33 所示。

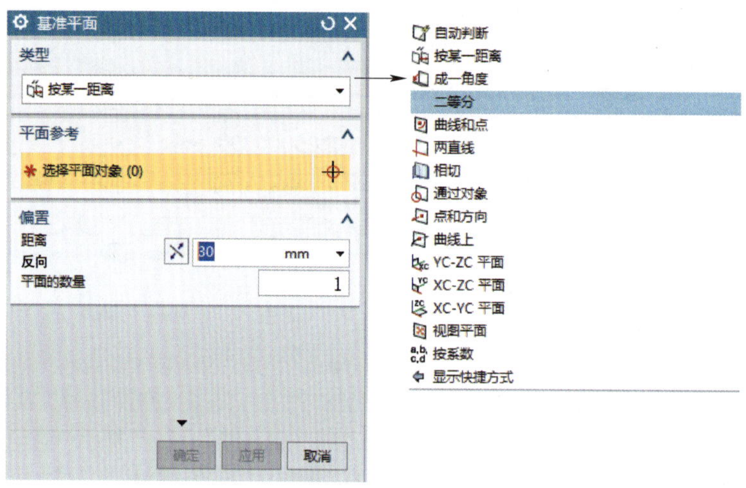

图 3-33　基准平面

二、拉伸特征

拉伸特征（图 3-34）是通过在指定方向上将草图截面扫掠一个线性距离来生成体，它是最常用的零件建模方法。

1. 创建拉伸特征操作要领

（1）选择基准面绘制草图。

（2）选取拉伸命令。

（3）定义拉伸类型。

（4）定义拉伸深度属性。

（5）正确运用布尔运算。

2. 命令的调用

（1）菜单：选择“菜单”→“插入”→“设计特征”→“拉伸”。

（2）功能区：单击“主页”选项卡“特征”组中的“拉伸”按钮。

执行上述操作后，打开“拉伸”对话框，如图 3-35 所示。

3. “拉伸”对话框中的选项说明

（1）选择曲线：用于选择被拉伸的曲线，如果选择的是面，则自动进入到草绘模式。

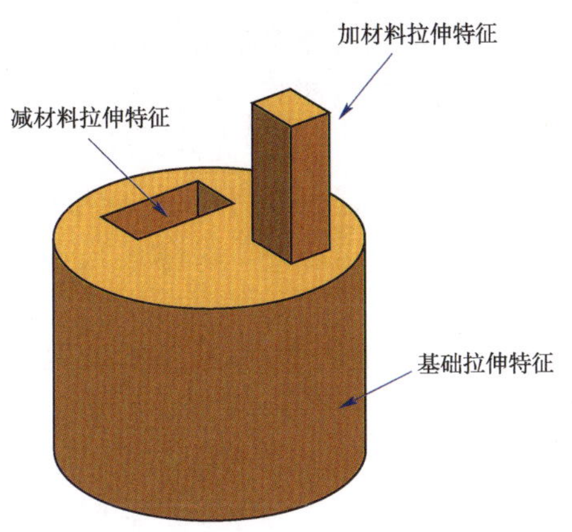

图 3-34　拉伸特征

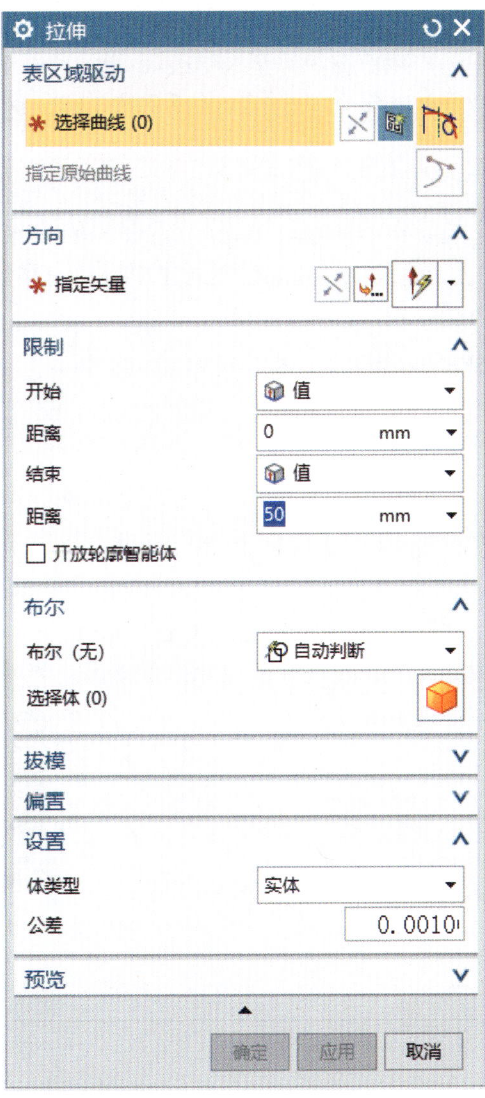

图 3-35　“拉伸”对话框

(2)绘制截面:用户可以通过该选项首先绘制拉伸的轮廓,然后进行拉伸。

(3)指定矢量:用户通过该选项选择拉伸的矢量方向。

(4)反向:如果在生成拉伸体之后,更改了作为方向轴的几何体,拉伸也会相应更新,以实现匹配。显示的默认方向为矢量指向选中几何体平面的法向。如果选择了面或片体,默认方向是沿着选中面端点的面法向。如果选中曲线构成了封闭环,在选中曲线的中心处显示方向矢量。如果选中曲线没有构成封闭环、开放环的端点,将以系统颜色显示为星号。

(5)开始/结束:用于沿着方向矢量输入生成几何体的起始位置和结束位置,可以通过动态箭头来调整,其下有6个选项。

①值:由用户输入拉伸的起始和结束距离的数值。

②对称值:用于约束生成的几何体关于选取的对象对称。

③直至下一个:沿着矢量方向拉伸至下一个对象。

④直至选定对象:拉伸至选定的表面、基准面或实体。

⑤直至延伸部分:允许用户裁剪扫掠体至选中表面。

⑥贯通:允许用户沿拉伸矢量完全通过所有可选实体生成拉伸体。

三、设计范例

通过建模的实践过程,结合学习的新知识,你们掌握了建模的基本思路,基本上已经迈进了 UG 软件的大门,能够进行简单的建模,收获到建模成功的喜悦! 请同学们参照下面的例题自己进行实体建模,鼓励方式、方法的多样性。

范例 4　零件图如图 3-36 所示。

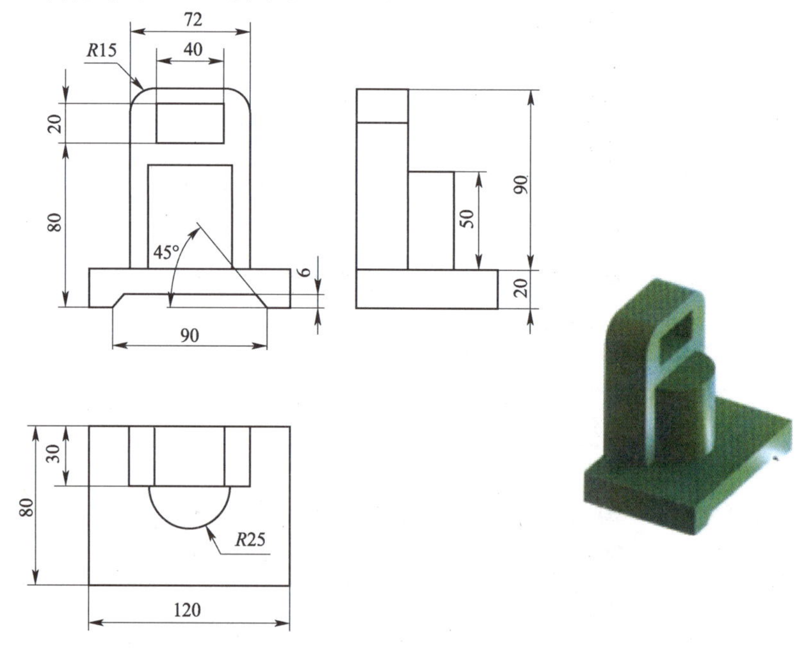

图 3-36　零件图

操作步骤如下:

(1)点击“文件”→“新建”,设置文件名为“范例 4”,点击“确定”,进入建模环境。

(2)点击“草图”,出现“草图”对话框,如图 3-37 所示。

(3)在 XY 平面做出如下草图,如图 3-38 所示。

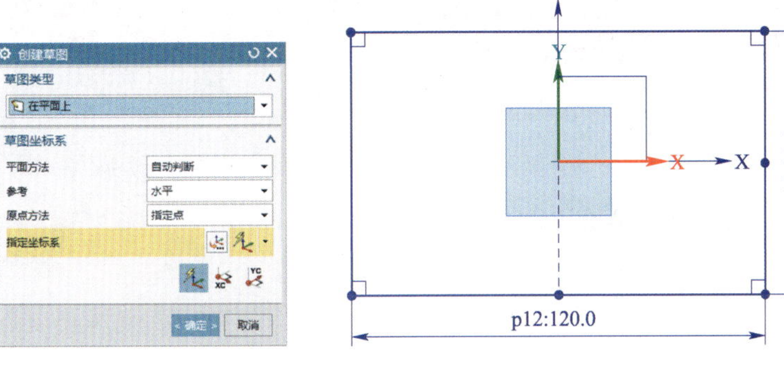

图 3-37　“草图”对话框　　　　图 3-38　底板草图

(4)点击 拉伸 ,选择上一步的草图为拉伸曲线,高度为 20,拉伸方向为 Z 轴的正方向,生成底板,如图 3-39 所示。

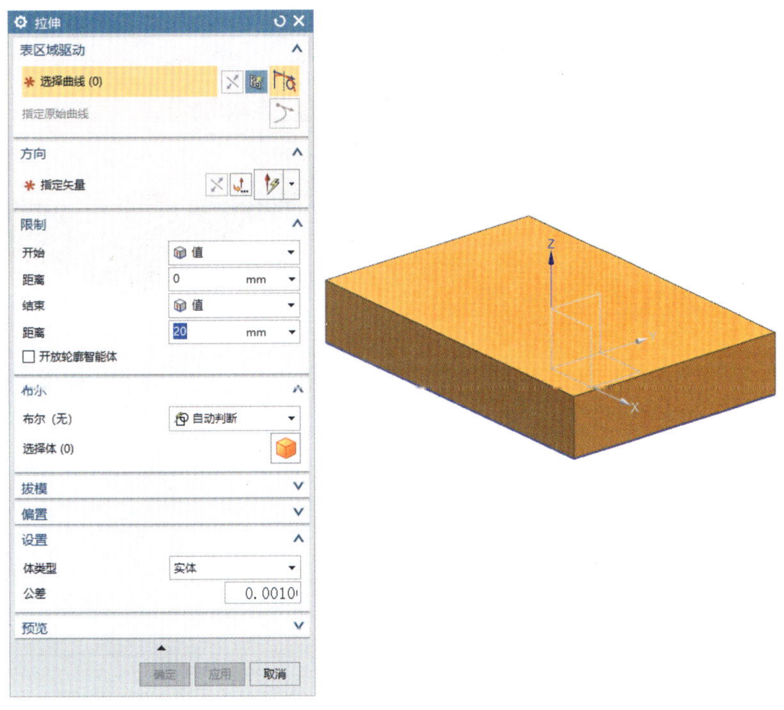

图 3-39　底板

(5)选择底板的后表面为草图平面,绘制草图,如图 3-40 所示。

(6)利用拉伸,生成通槽,如图 3-41 所示。

(7)选择底板的后表面为草图平面,绘制如图 3-42 所示草图。

(8)利用拉伸,生成挡板,如图 3-43 所示。

(9)选择底板的上表面生成半个圆柱体,如图 3-44 所示。

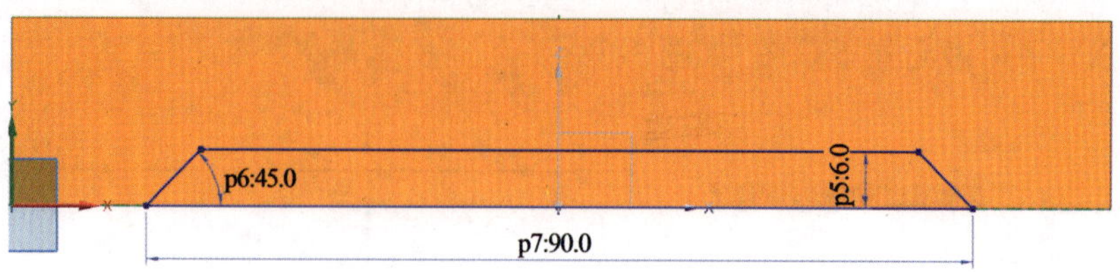

图 3-40　槽的草图

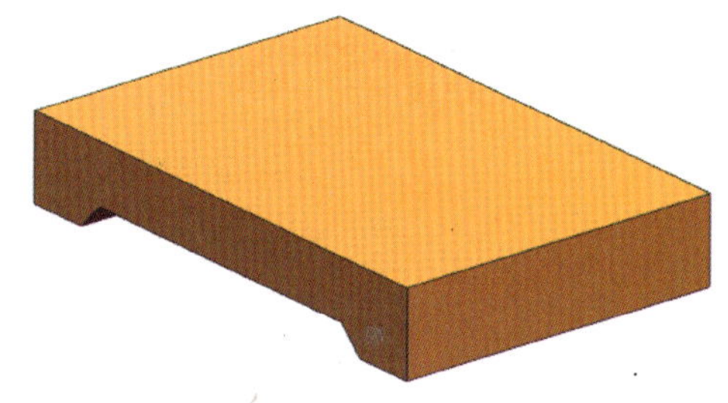

图 3-41　“槽”

四、幸福创意

同学们，每天我们都在校园里幸福地学习和生活，每学期都要发好多本书，为了查找方便，我们要用到书架，那么你们能不能利用学过的知识为自己设计一款书架（图 3-45）呢？用这款书架去美化你的学习环境，幸福感一定会爆满。

五、旋转特征

旋转特征是将截面绕着一条中心轴线旋转而形成的特征（图 3-46）。

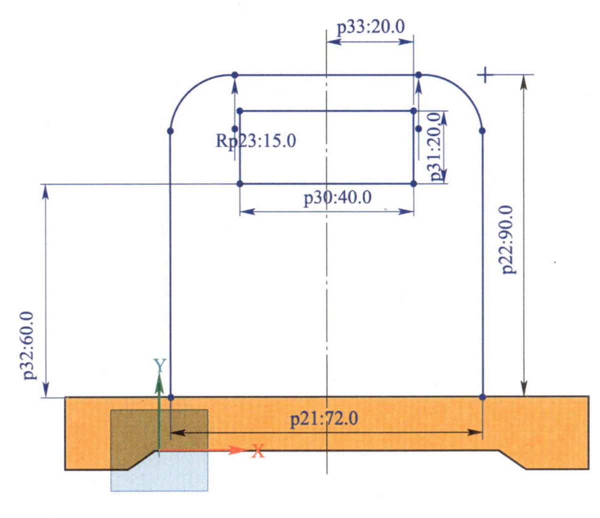

图 3-42　挡板草图

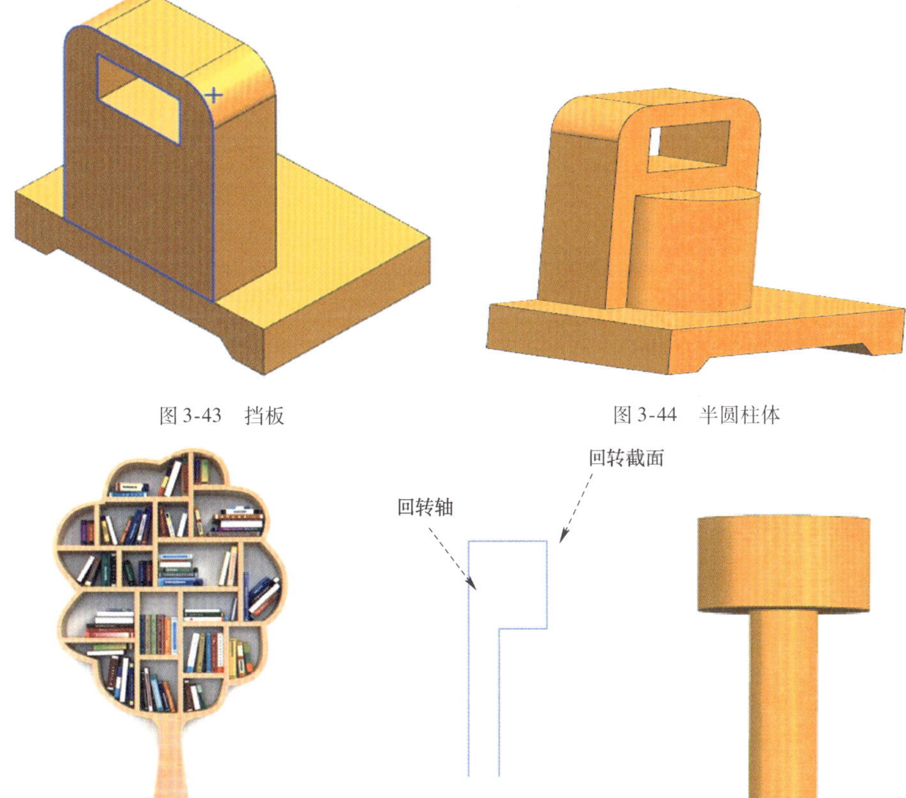

图 3-43　挡板

图 3-44　半圆柱体

图 3-45　书架

图 3-46　回转示意图

1. 操作要领

(1)绘制回转草图截面。

(2)选择命令。

(3)定义回转轴。

(4)确定回转角度的起始值和结束值。

(5)正确运用布尔运算。

2. 命令的调用

(1)菜单:选择“菜单”→“插入”→“设计特征”→“旋转”。

(2)功能区:单击“主页”选项卡“特征”组中的“旋转”按钮。

执行上述操作后,打开 “旋转”对话框(图 3-47)。

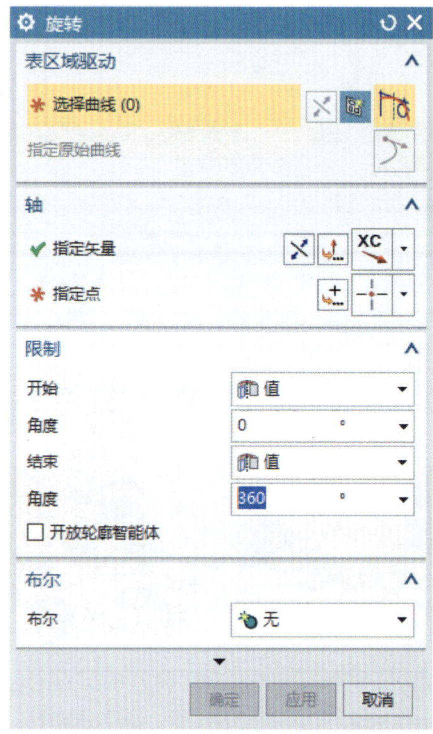

图 3-47　“旋转”对话框

六、幸福体验

1. 设计范例

范例 5　手柄如图 3-48 所示。

操作步骤如下。

(1)点击“文件”→“新建”,出现“新建”对话框,设置文件名为“手柄”,点击“确定”,进入建模环境。

(2)在 XY 平面做出草图,如图 3-49 所示。

(3)点击 ,在旋转对话框中输入各选项,生成旋转实体,如图 3-50 所示。

(4)在 XY 平面做出如图 3-51 所示草图。

(5)点击“拉伸”命令,在对话框中输入各选项,生成孔,隐藏草图和坐标系,完成轴的创建如图 3-52 所示。

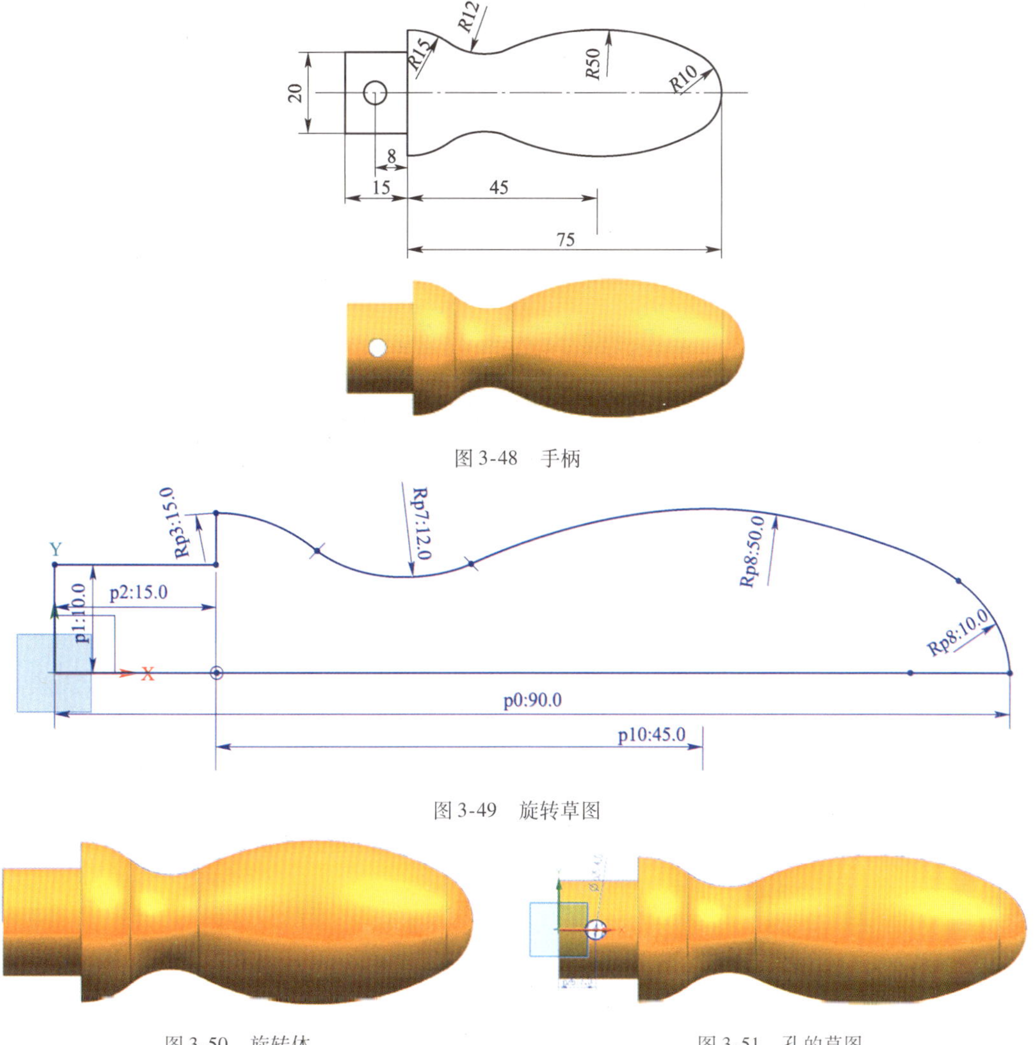

图 3-48　手柄

图 3-49　旋转草图

图 3-50　旋转体

图 3-51　孔的草图

2. 幸福创意

通过范例 5 的讲解，我们很轻松快乐地学会了用“旋转”工具建模，在学习的过程中，感受到了“旋转”工具的便捷，体会到学习的快乐。下面我们设计一款水杯（图 3-53），把它放到老师的讲桌上，让他感受到作为一名人类灵魂的工程师的幸福与自豪！

七、扫掠

扫掠操作要领如下。

（1）绘制回转草图截面和引导线。

（2）选择命令。

（3）正确运用布尔运算。

扫掠命令的调用：

选择“菜单”→“插入”→“扫掠”→“扫掠”（图 3-54），出现“扫掠”对话框。

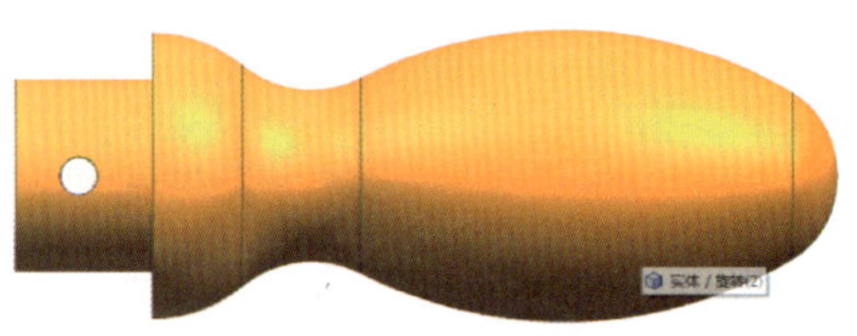

图 3-52　手柄

图 3-53　水杯

提示：如果截面对象有多个环，则引导线串必须由线/圆弧构成；如果沿着具有封闭的、尖锐拐角的引导线串扫掠，建议把截面线串放置到远离尖锐拐角的位置；如果引导路径上两条相邻的线以锐角相交，或者引导路径中的圆弧半径对于截面曲线来说太小，则不会发生扫掠操作。也就是说，路径必须是光顺的、切向连续的。

八、管道

管道命令的调用：

选择“菜单”→“插入”→“扫掠”→“管(T)……”(图 3-55)，弹出“管”对话框。

图 3-54　“扫掠”对话框

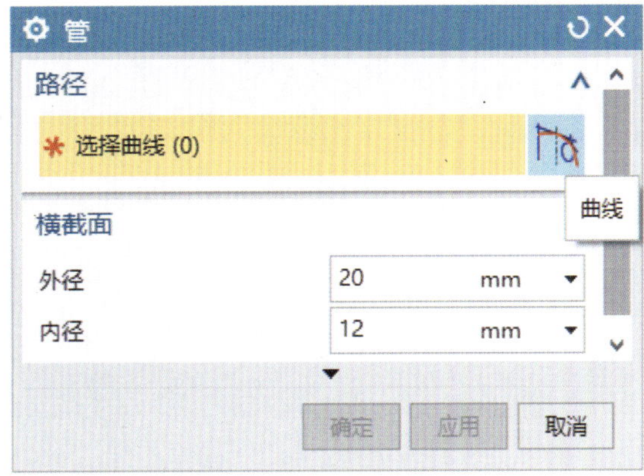

图 3-55　“管”对话框

“管”对话框中的选项说明如下。

(1)选择曲线:指定管道的中心线路径。可以选择多条曲线或边,且必须是光顺并相切连续。

(2)外径:用于输入管道的外直径的值,其中外径不能为 0。

(3)内径:用于输入管道的内直径的值。

(4)输出:包括以下两个选项。

①单段:只具有一个或两个侧面,该侧面为 B 曲面。如果内直径是 0,那么只具有一个侧面。

②多段:沿着引导线串扫成一系列侧面,这些侧面可以是柱面或环面。

九、幸福回顾

通过前面的学习,同学们是否感受到了 UG 造型工具的强大?下面我们用范例 6 凹模来验证它的神奇!

范例 6　凹模图示如图 3-56 所示。

凹模的作图步骤如下

(1)点击“文件”→“新建”,设置文件名为“凹模”,点击确定,进入建模环境。

(2)点击“草图”,选择 XY 面为草图平面,绘制草图,如图 3-57 所示。

其余
R12
15
R10
5
R13
R35
50
R12.5
5
50

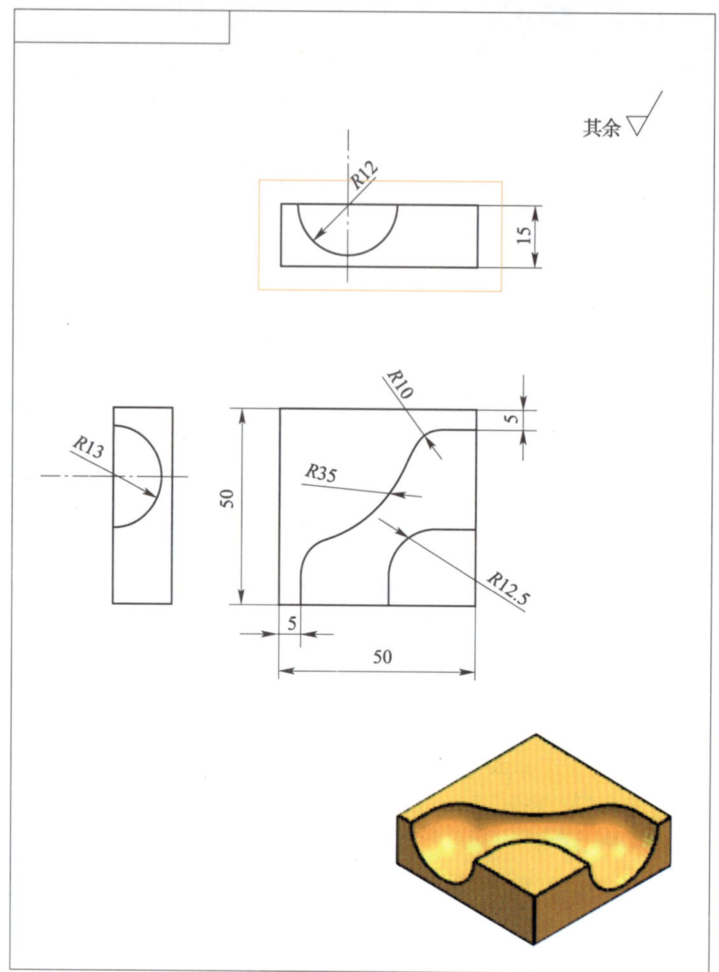

图 3-56　凹模

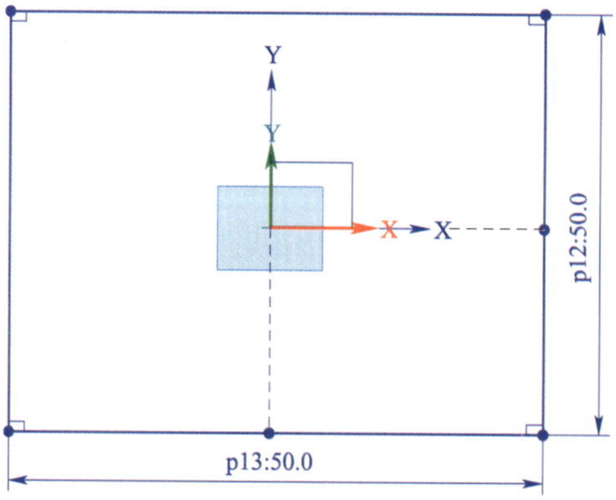

Y
Y
X
X
p12:50.0
p13:50.0

图 3-57　凹模草图

(3)点击“拉伸”按钮，完成“拉伸”操作，如图 3-58 所示。

(4)按照尺寸，在上表面做出草图 3、草图 6，在两个侧面绘制草图 4、草图 5，如图 3-59 所示。

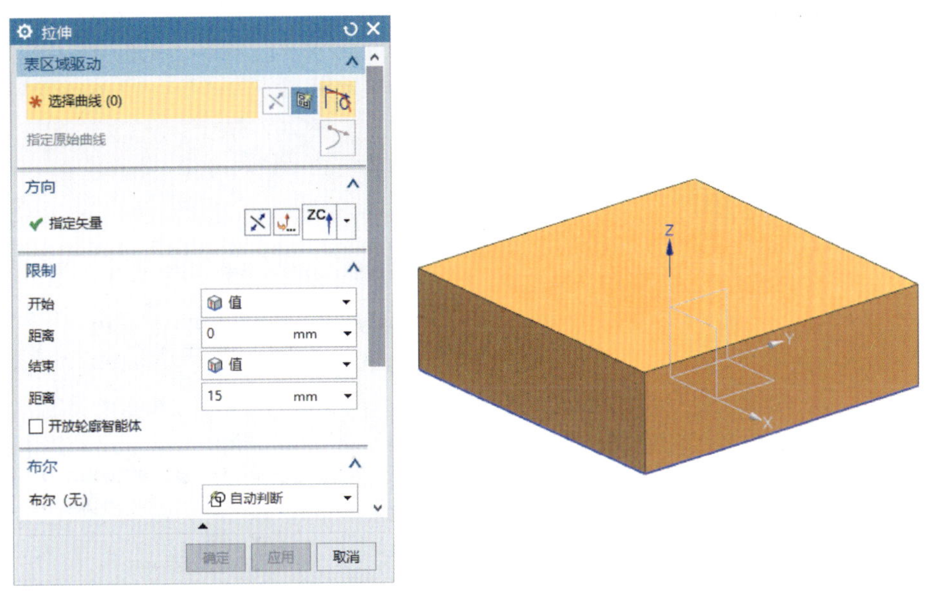

图 3-58　“拉伸”对话框

(5)“菜单”→“插入”→“扫掠”→“扫掠”，出现“扫掠”对话框，选择草图 5 和 4 为扫掠截面，草图 3 和 6 为导动线，完成“扫掠”，如图 3-60 所示。

(6)选择 修剪体，出现“修剪体”对话框，如图 3-61 所示。

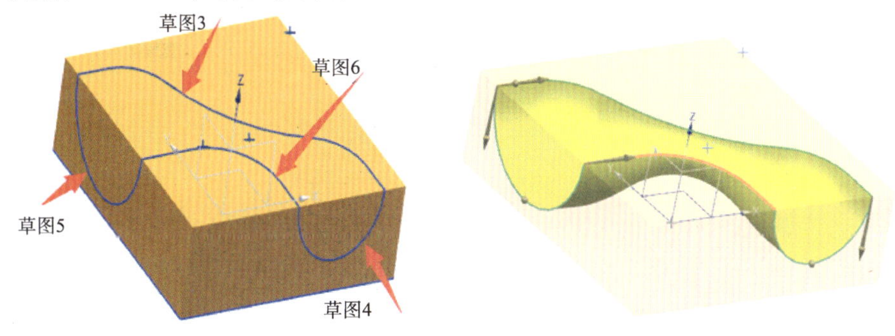

图 3-59　凹模体　　　　图 3-60　“扫掠”对话框

(7)选择拉伸体为“修剪目标”，扫掠面为“修剪工具”，隐藏草图和坐标系，完成零件的建模，如图 3-62 所示。

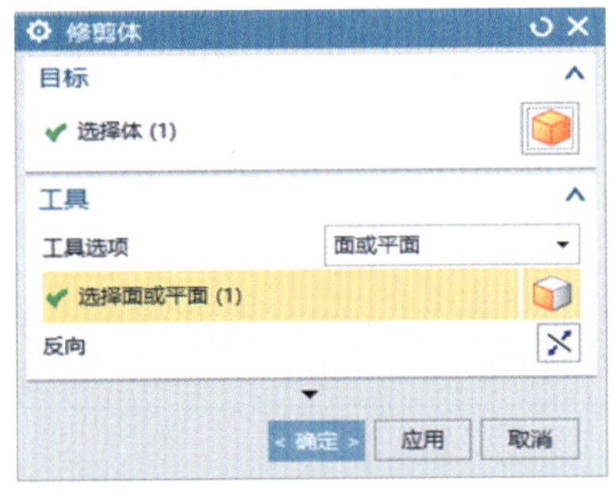

图 3-61　“修剪体”对话框

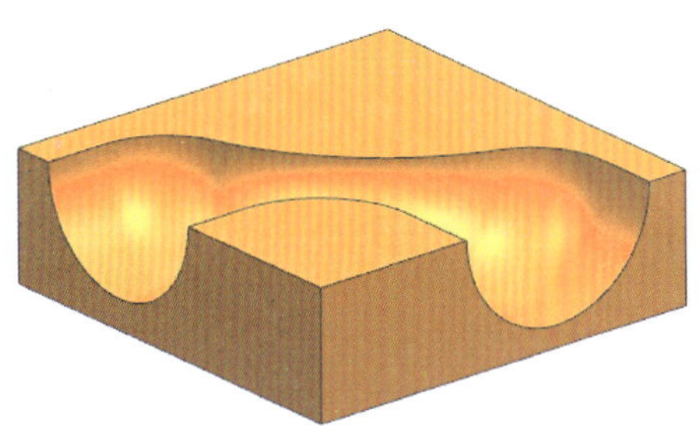

图 3-62　凹模数模

第六节　设计特征

一、凸起

凸起命令调用的两种方法如图 3-63、图 3-64 所示。

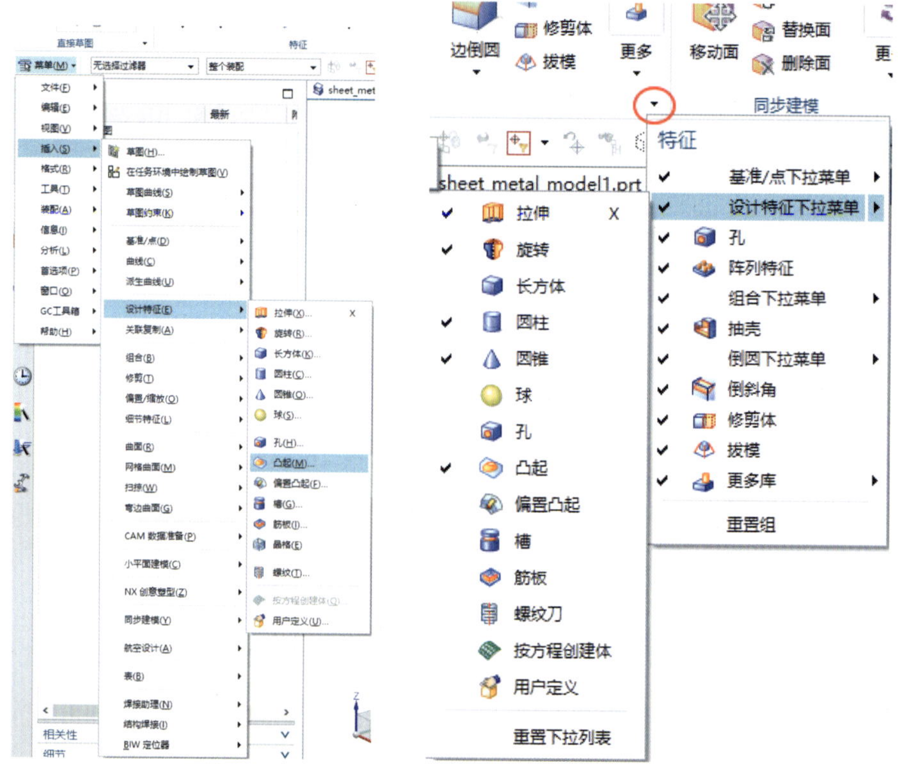

图 3-63　菜单调用　　　　图 3-64　功能区调用

具体操作步骤如图 3-65 所示。

二、孔

孔的操作步骤：调用命令（方法同“凸台”），出现“孔”的对话框如图 3-66 所示。

通过孔的对话框，我们可以生成常规孔（包含简单孔、沉头孔、埋头孔、锥孔）、钻形孔、螺纹孔等。

三、垫块

垫块的操作步骤如下。

（1）调用命令（方法同“孔”），出现“垫块”的对话框。

（2）选择类型，点击“确定”，出现“矩形垫块”对话框，具体操作如图 3-67 所示。

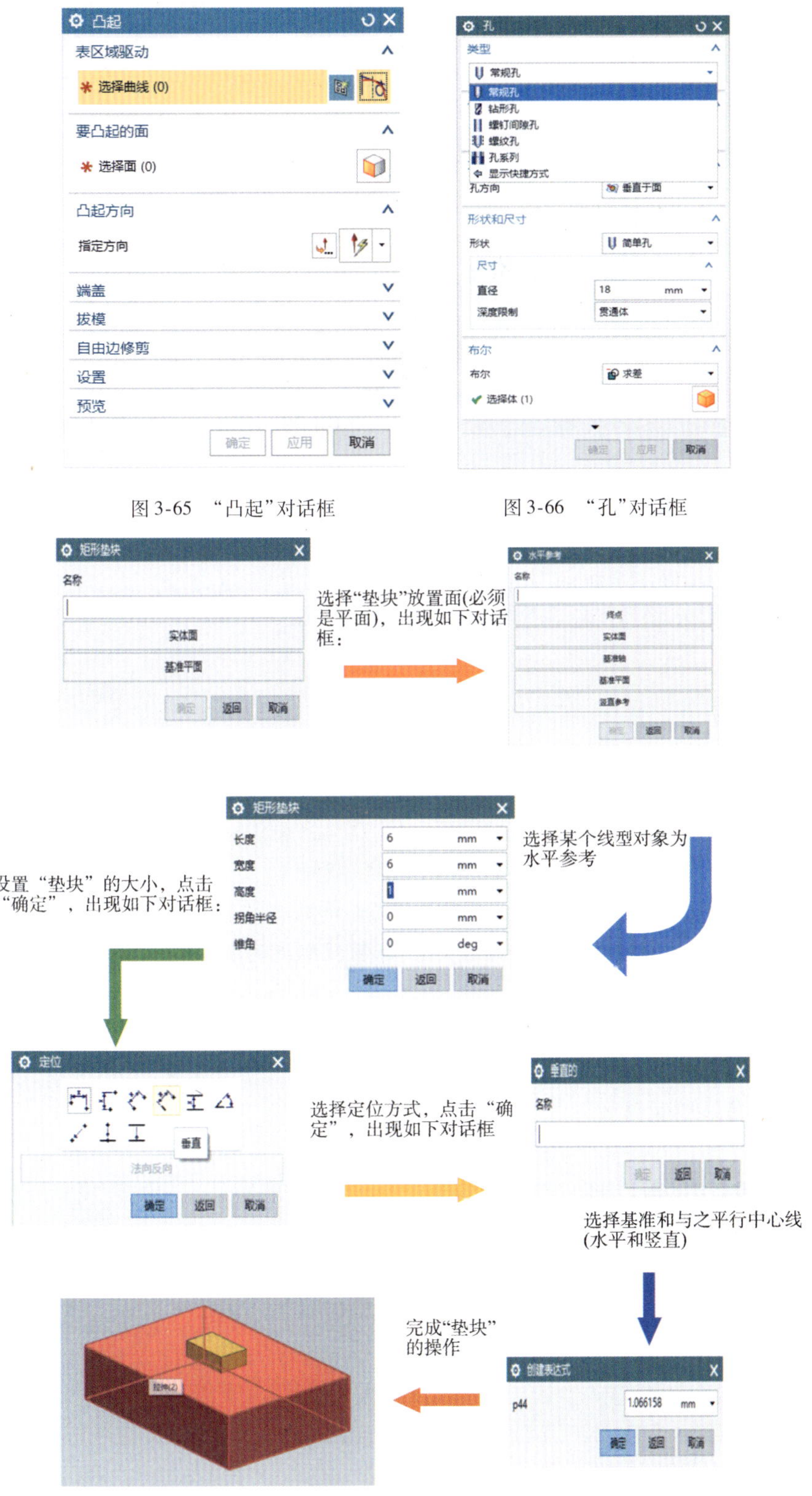

图 3-65　“凸起”对话框

图 3-66　“孔”对话框

图 3-67　“垫块”操作过程

四、腔体

腔体的操作方法同“垫块”，如图 3-68 所示。

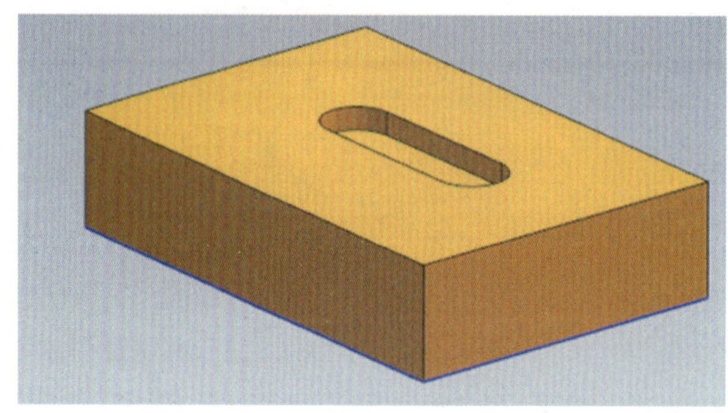

图 3-68　腔体零件

五、键槽

键槽的具体操作方法同“腔体”。

六、槽

槽的操作步骤如图 3-69 所示。

七、筋板

筋板的操作步骤如下。

(1) 调用命令(同槽)，出现如图 3-70 所示对话框。

(2) 对对话框进行操作，生成的筋板如图 3-71 所示。

注意：生成筋板的草图曲线不是闭合的。与筋板相连的各特征必须合并为一个实体，否则不能生成筋板。

八、螺纹刀

螺纹刀的操作步骤如下。

(1) 调用命令，出现“螺纹切削”对话框。

(2) 在对话框中，类型选择“详细”，选择要创建螺纹的圆柱面，出现如图 3-72 所示对话框，设置螺纹的类型与尺寸。

(3) 点击“确定”，则生成如图 3-73 所示螺纹。

九、兴趣互动

通过前面的学习，你们体会到了 UG 软件强大的造型功能，同学们在学习中得到了快乐和幸福。下面参照轴承座(图 3-74)建模工程，请每位同学讲解你的建模思路和步骤。

轴承座的作图步骤如下。

(1) 新建模型文件：轴承座。

槽
矩形
球形端槽
U 形槽
确定
返回
取消
选择槽的类型，点击"确定"，出现该对话框
矩形槽
名称
确定
返回
取消
选择槽放置的圆柱面，出现该对话框
矩形槽
槽直径
37.5
mm
宽度
13
mm
确定
返回
取消
设置槽的尺寸，点击"确定"，出现该对话框
定位槽
名称
标识实体面
确定
返回
取消
选择放置面的边线与槽的边线
创建表达式
p17
5.573397
mm
确定
返回
取消
输入距离，确定槽的位置

图 3-69　"槽"示意图

图 3-70 “筋板”对话框

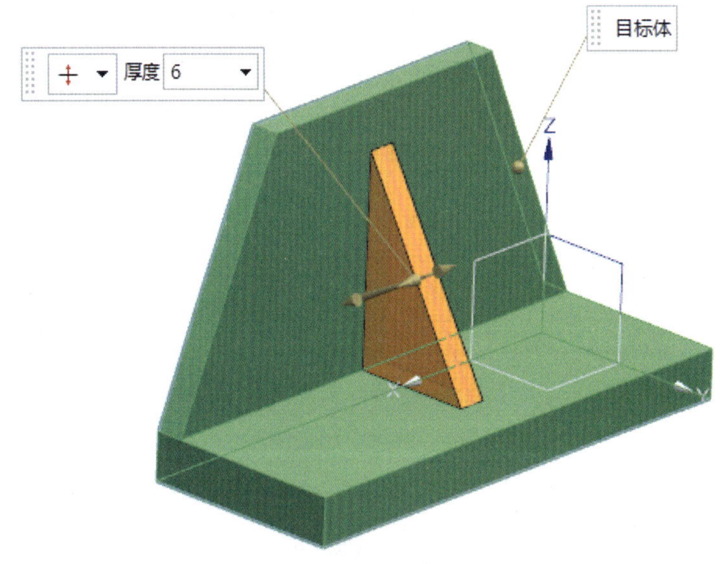

图 3-71 筋板

(2)选择 XZ 面作为作图平面,绘制如图 3-75 所示草图。

(3)点击“拉伸”工具,将草图沿着 Y 轴正方向拉伸 22,完成底板的创建,如图 3-76 所示。

(4)选择底板的后表面为作图平面,绘制如图 3-77 所示草图。

(5)点击“拉伸”工具,将上一步所做的草图沿着 Y 轴负方向进行拉伸 6,完成挡板的生成,如图 3-78 所示。

图 3-72　“螺纹切削”对话框

图 3-73　螺纹

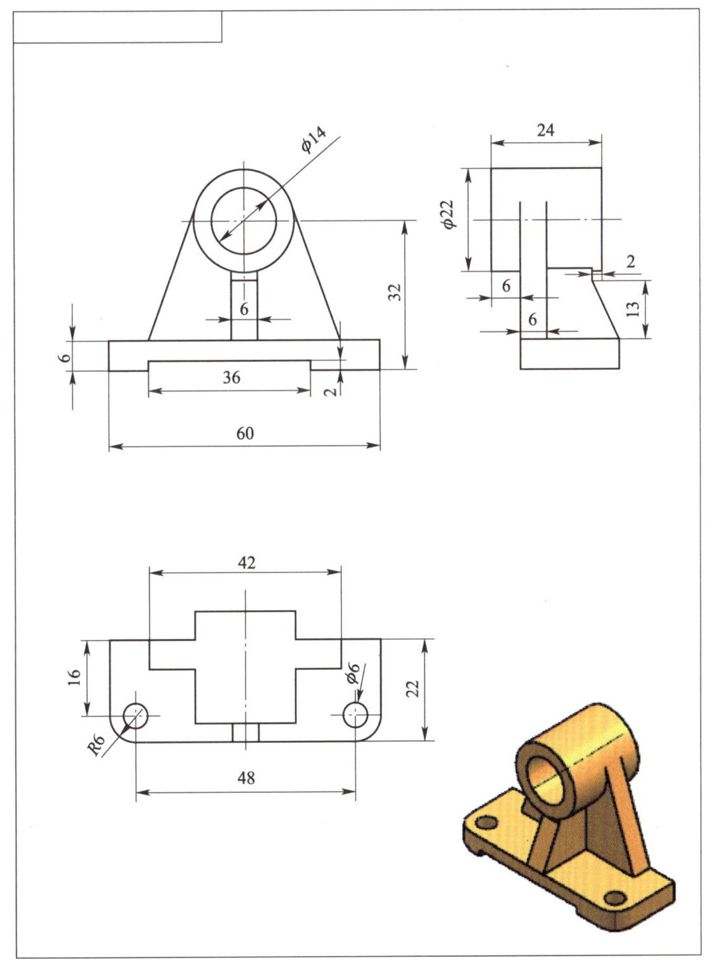

图 3-74　轴承座

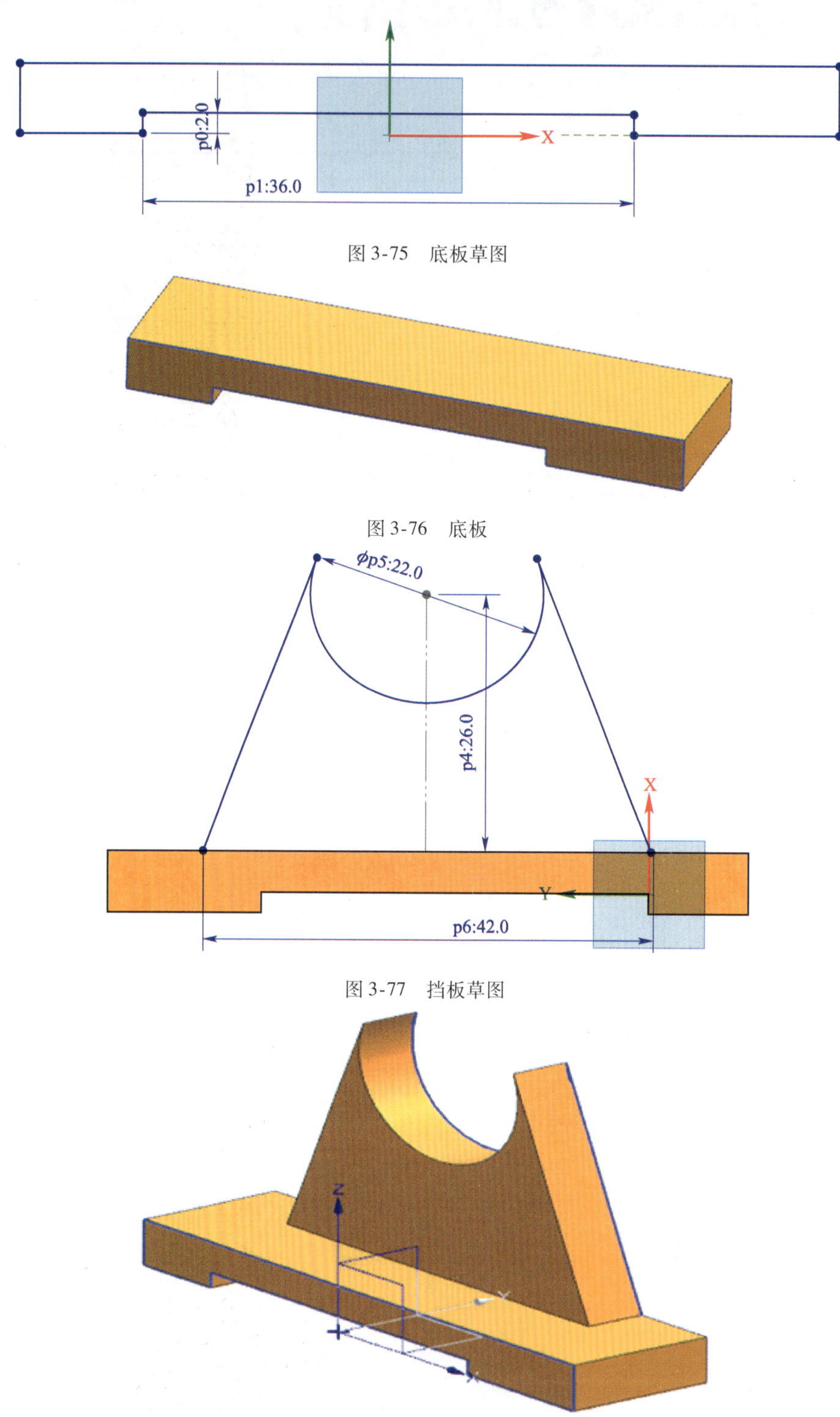

图 3-75　底板草图

图 3-76　底板

图 3-77　挡板草图

图 3-78　挡板

(6)构造基准平面 5,距离挡板后表面距离为 6,如图 3-79 所示。

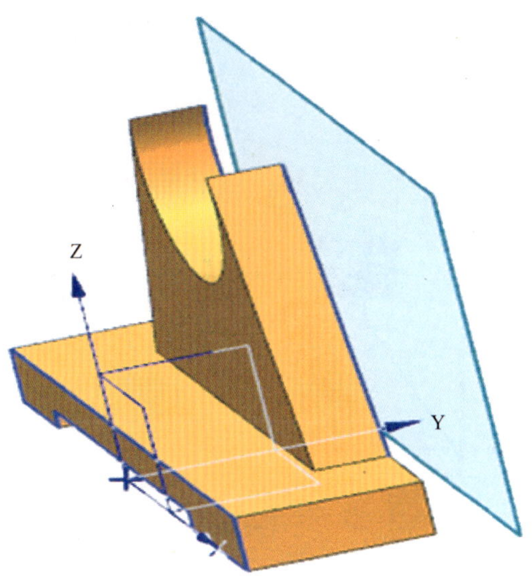

图 3-79　构建基准平面

(7)以基准平面 5 为作图平面,绘制如图 3-80 所示草图。

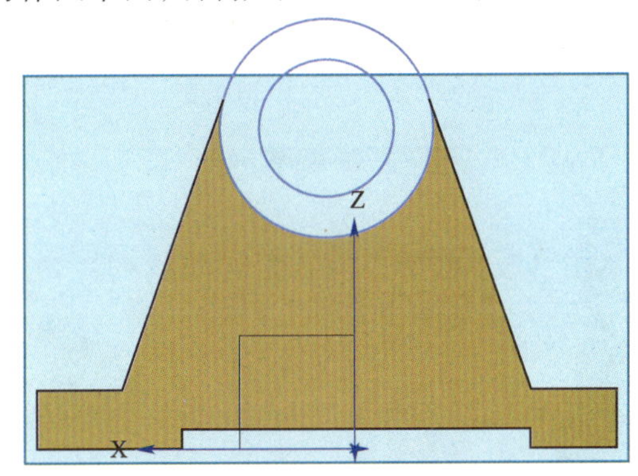

图 3-80　"空心圆柱"的草图

(8)点击"拉伸",将上一步绘制的草图沿 Y 轴负方向进行拉伸 24,布尔运算选择"合并",完成圆桶的绘制,隐藏基准平面 5,如图 3-81 所示。

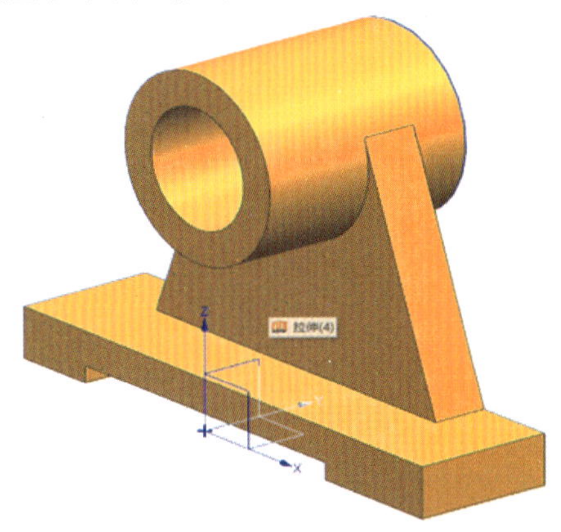

图 3-81　空心圆柱

(9)选择 YZ 平面为作图平面绘制筋板的草图,如图 3-82 所示。

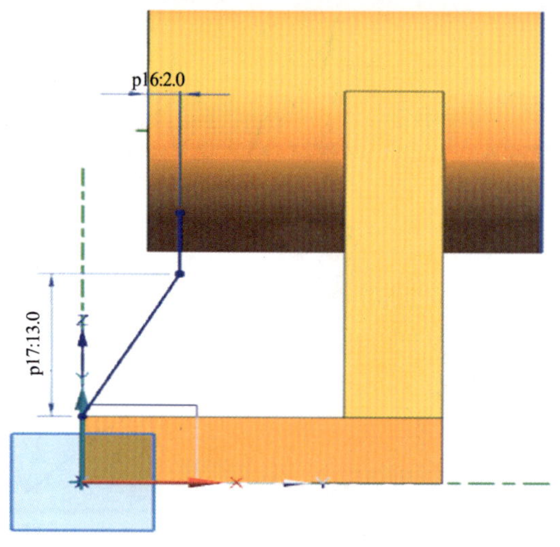

图 3-82　筋板草图

(10)点击“筋板”,设置“筋板”对话框,筋板生成过程如图 3-83 所示。

(11)生成“筋板”,如图 3-84 所示。

图 3-83　“筋板”生成过程　　图 3-84　筋板生成

(12)点击“边倒圆”工具,对底板进行倒角,半径为 6,如图 3-85 所示。

(13)生成圆角,如图 3-86 所示。

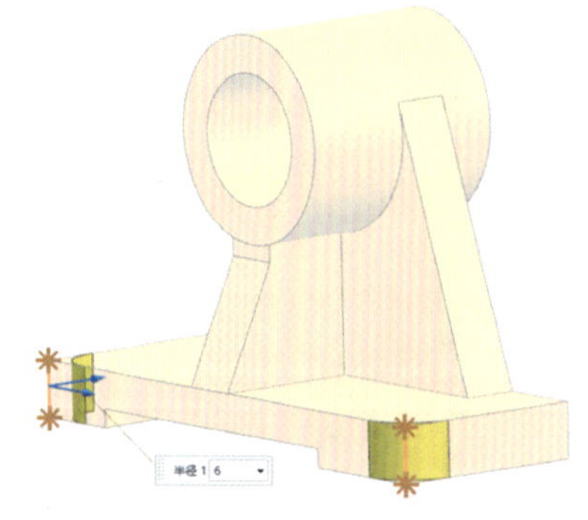

图 3-85　倒圆角过程

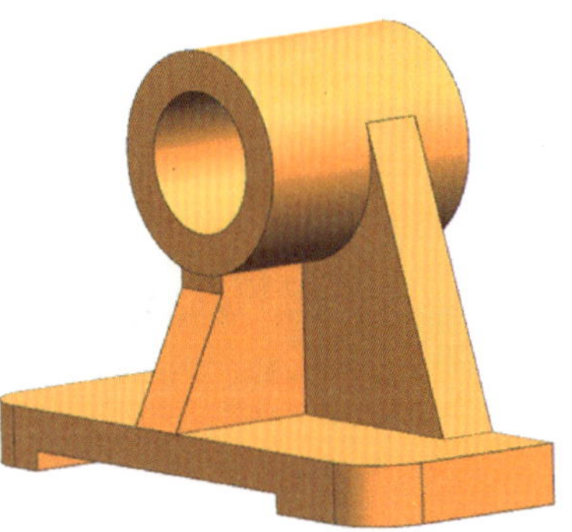

图 3-86　倒圆角

(14)以底板的上表面为作图平面,绘制 2 个直径为 6 的圆,沿着 Z 轴负方向进行拉伸,进行布尔运算:减去,贯穿,创建孔, 如图 3-87 所示。

(15)隐藏草图和作图平面,完成轴承座的生成,如图 3-88 所示。

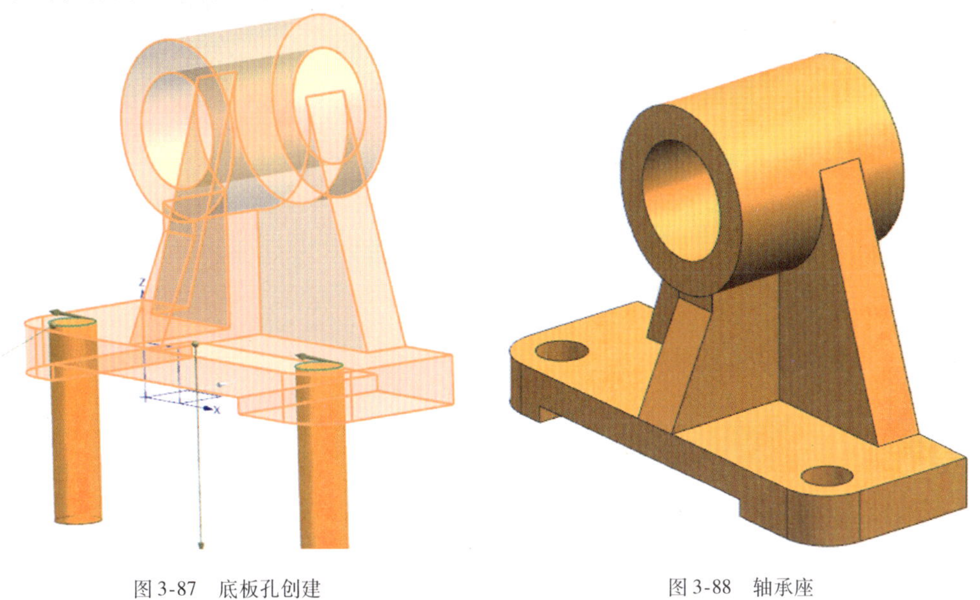

图 3-87　底板孔创建

图 3-88　轴承座

第七节　修饰实体特征

一、特征操作

1. 倒斜角

倒斜角不能单独生成,而只能在其他特征上生成。使用“倒斜角”命令可以在两个面之间创建用户需要的倒角,如图 3-89 所示。

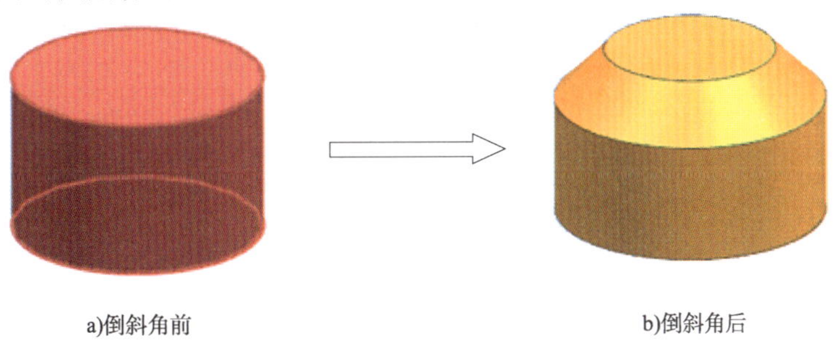

a)倒斜角前

b)倒斜角后

图 3-89　创建倒斜角

2. 边倒圆

边倒圆不能单独生成,而只能在其他特征上生成。使用“边倒圆”(倒圆角)命令可以使多个面共享的边缘变光滑。既可以创建圆角的边倒圆(对凸边缘则去除材料),也可以创建倒圆角的边倒圆(对凹边缘则添加材料),如图 3-90 所示。

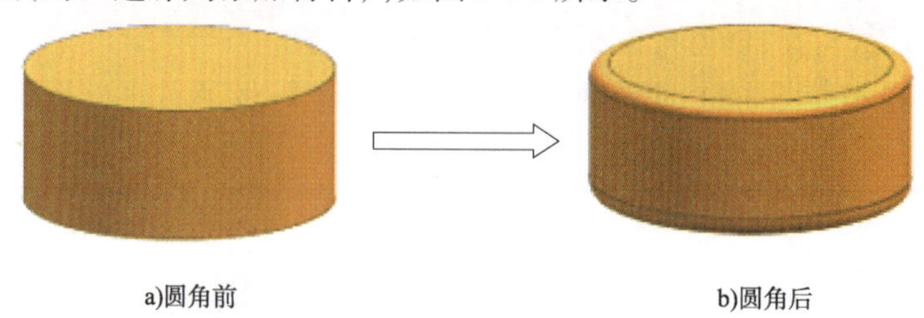

a)圆角前　　b)圆角后

图 3-90　边倒圆模型

二、面特征操作

1. 抽壳

使用抽壳命令可以通过应用壁厚并打开选定的面修改实体,该命令的调用方式有下面两种。

(1)菜单:选择“菜单”→“插入”→“偏置/缩放”→“抽壳”。

(2)功能区:单击“主页”选项卡“特征”组中的“抽壳”按钮。执行上述操作后,系统打开“抽壳”对话框,如图 3-91 所示。

图 3-91　“抽壳”对话框

对话框中的选项说明如下。

(1)移除面,然后抽壳:选择该选项后,所选目标面在抽壳操作后将被移除。

(2)对所有面进行抽壳:选择该选项后,需要选择一个实体,系统将按照设的厚度进行抽壳,抽壳后原实体变成一个空心实体。

(3)要穿透的面:从要抽壳的实体中选择一个或多个面移除。

(4)要抽壳的体:选择要抽壳的实体。

(5)厚度:设置壁的厚度。

抽壳的生成过程如图3-92、图3-93所示。

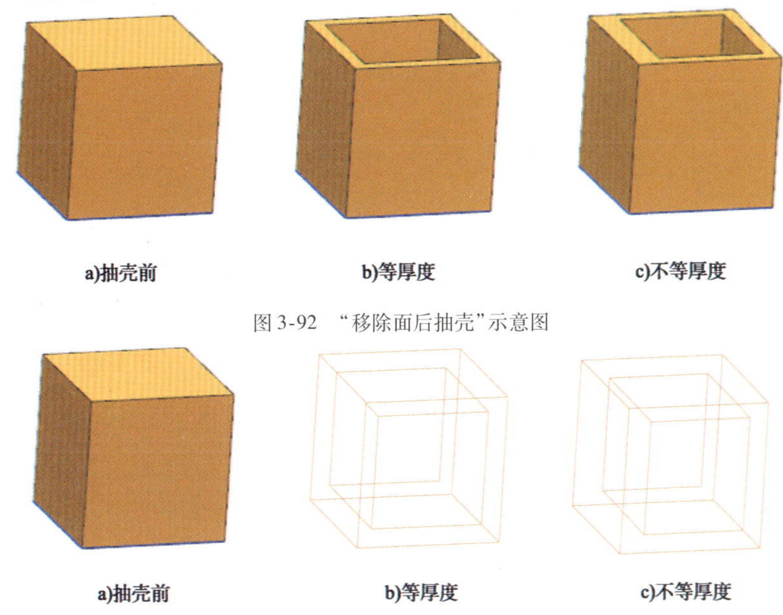

a)抽壳前 b)等厚度 c)不等厚度

图3-92 "移除面后抽壳"示意图

a)抽壳前 b)等厚度 c)不等厚度

图3-93 "对所有面抽壳"示意图

2. 拔模

拔模通过更改相对于脱模方向的角度来修改面。

拔模命令的调用方式有下面两种。

(1)菜单:选择"菜单"→"插入"→"细节特征"→"拔模"。

(2)功能区:单击"主页"选项卡"特征"组中的"拔模"按钮。

执行上述操作后,系统打开"拔模"对话框,如图3-94所示。

设置对话框中的选项,拔模示意图如图3-95所示。

3. 面倒圆

面倒圆在选定面组之间添加相切圆角面。

面倒圆命令的调用方式有下面两种。

(1)菜单:选择"菜单"→"插入"→"细节特征"→"面倒圆"。

(2)功能区:单击"主页"选项卡"特征"组中的"面倒圆"按钮。

执行上述操作后,系统打开"面倒圆"对话框,如图3-96所示。"面倒圆"的类型有三种:双面、三面、特征相交边,操作结果如图3-97所示。

4. 偏置区域

偏置区域使一组面偏离当前位置,并调整相邻面以适应。

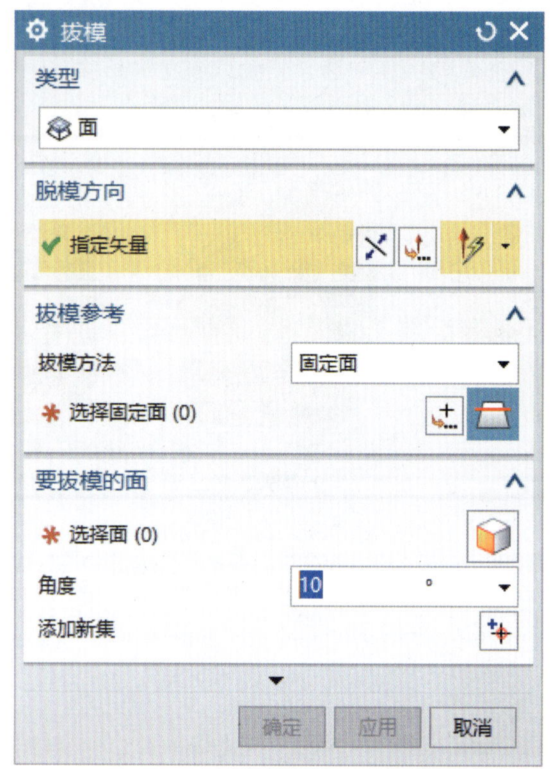

图 3-94 “拔模”对话框

图 3-95 “拔模”示意图

偏置区域命令的调用方式如下。

功能区:单击“主页”选项卡“同步建模”组中的“偏置区域”按钮,出现“偏置区域”如图3-98 所示。

“偏置区域”的结果示意图如图 3-99 所示。

三、幸福挑战

同学们,通过前面的训练,大家都有收获,那么你们是否敢于接受挑战,独立完成日常生活用品的建模呢?下面请同学们独立完成门把手(图 3-100)的建模吧,看谁是今天当之无愧的设计家。

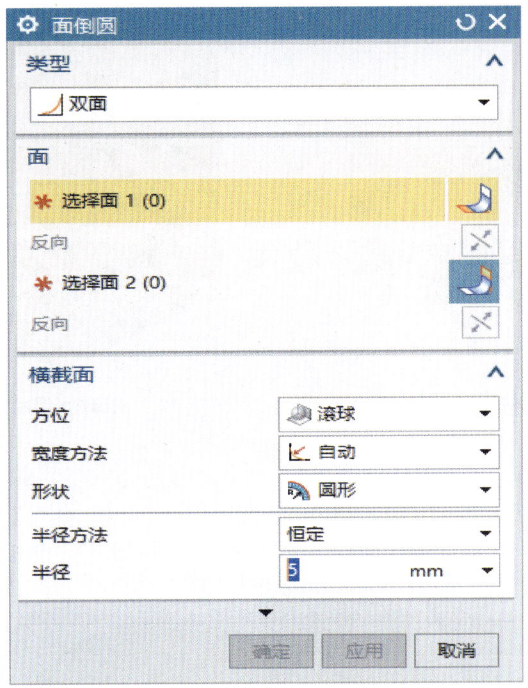

图 3-96　“面倒圆”对话框

a)面倒圆前

b)双面倒圆

c)三面倒圆

d)特征相切边面倒

图 3-97　“面倒圆”结果

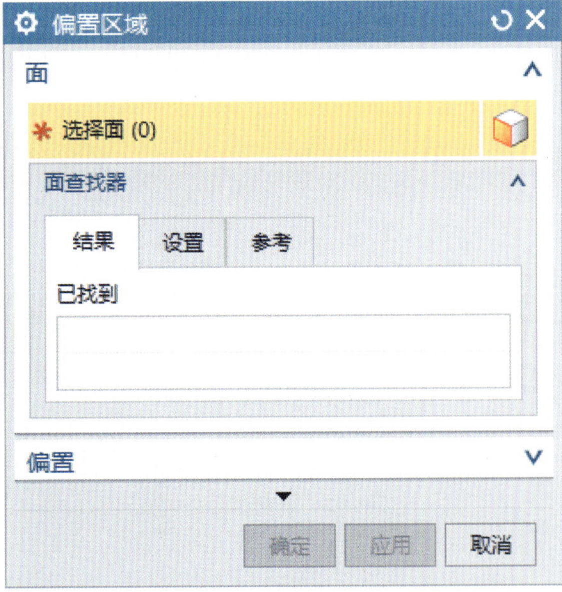

图 3-98　“偏置区域”对话框

图 3-99 “偏置区域”结果示意图

图 3-100 门把手

第四章　编辑实体特征

1. 熟练使用实体特征编辑工具。
2. 掌握实体编辑的方法。
3. 能够综合利用工具对零部件进行编辑修改。

第一节　变换实体特征

一、镜像特征

镜像特征是复制特征并跨平面进行镜像，其命令的调用如下。

(1)菜单:选择“菜单”→“插入”→“关联复制”→“镜像特征”命令。

(2)功能区:单击“主页”选项卡“特征”组中的“其他”中的“镜像特征”按钮。

执行上述操作后，出现“镜像特征”对话框，如图4-1所示。

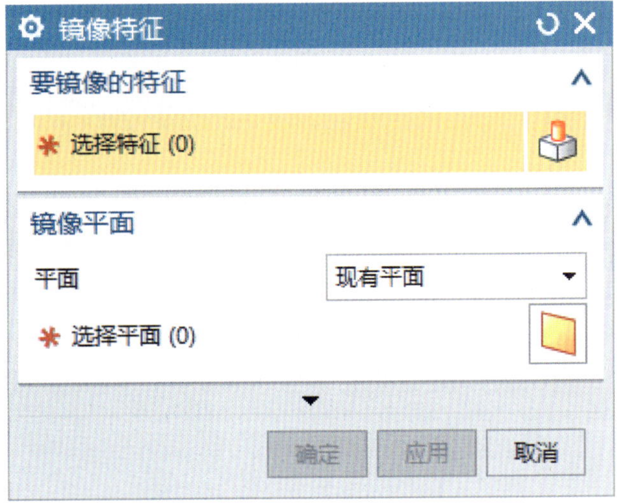

图4-1　“镜像特征”对话框

对对话框进行操作，“镜像特征”示意图如图4-2所示。

二、阵列特征

阵列特征是复制特征并跨平面进行镜像，其命令的调用如下。

(1)菜单:选择"菜单"→"插入"→"关联复制"→"阵列特征"命令。

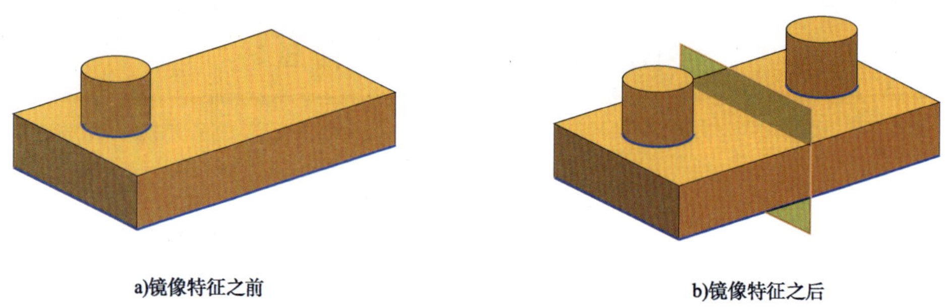

图 4-2 "镜像特征"示意图

(2)功能区:单击"主页"选项卡"特征"组中的"镜像特征"按钮。

执行上述操作后,出现"阵列特征"对话框,如图 4-3 所示。

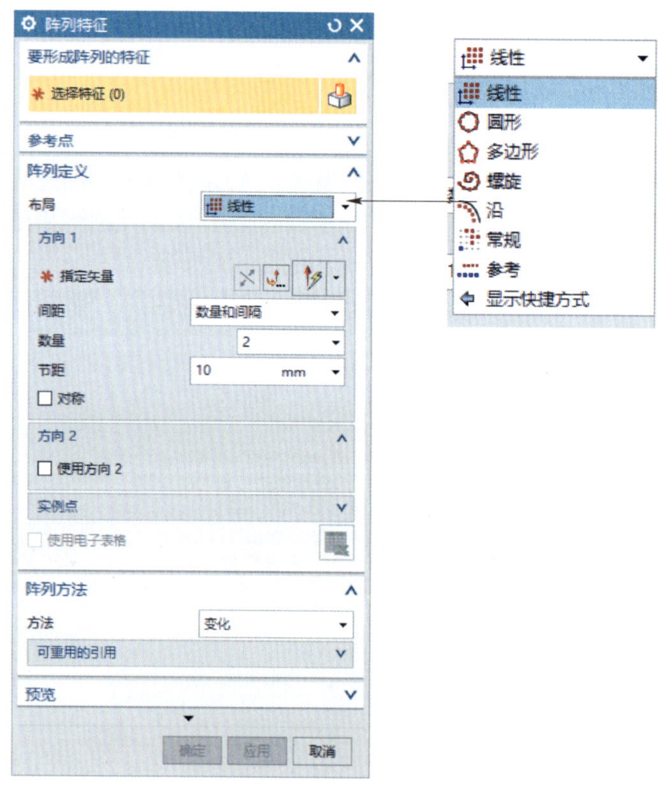

图 4-3 "镜像特征"对话框

在对话框中选择阵列方式,最常用的两种阵列方式为线性阵列(图 4-4)与圆形阵列(图 4-5)。

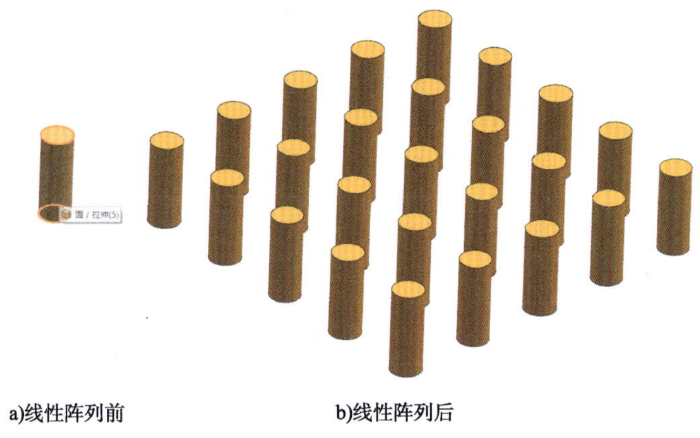

图 4-4　“线性阵列特征”示意图

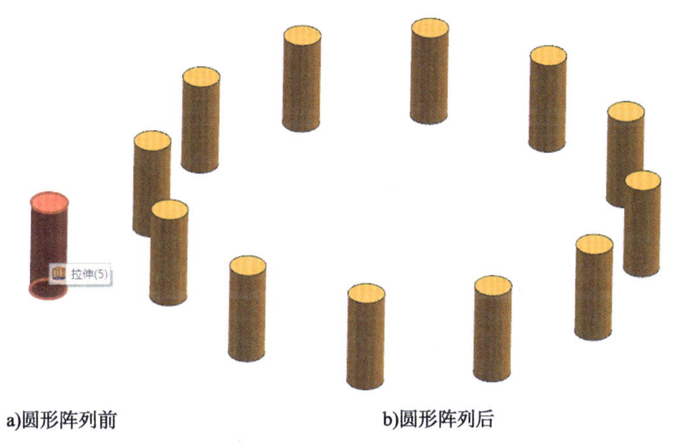

图 4-5　“圆形阵列特征”示意图

第二节　修改实体特征

一、拆分体

拆分体是将一个体分成多个体,其命令调用如下。

(1)菜单:选择“菜单”→“插入”→“修剪”→“拆分体”命令。

(2)功能区:单击“主页”选项卡“特征”组中的“更多”中的“拆分体”按钮。

执行上述操作后,出现“拆分体”对话框,如图 4-6 所示。

选择拆分体目标和拆分工具,拆分过程如图 4-7 所示。

二、修剪体

修剪体是减去体的一部分，其命令调用如下。

(1)菜单：选择“菜单”→“插入”→“修剪”→“修剪体”命令。

(2)功能区：单击“主页”选项卡“特征”组中的“更多”中的“修剪体”按钮。

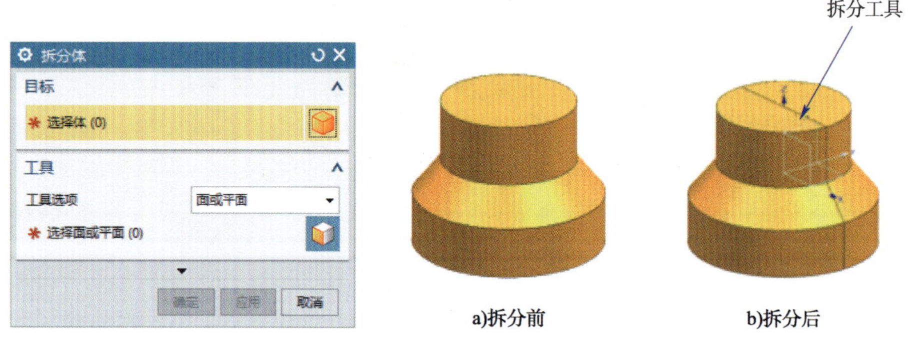

图 4-6 “拆分体”对话框　　图 4-7 “拆分体”示意图

执行上述操作后，出现“修剪体”对话框，如图 4-8 所示。

选择修剪体目标和修剪工具，修剪过程如图 4-9 所示。

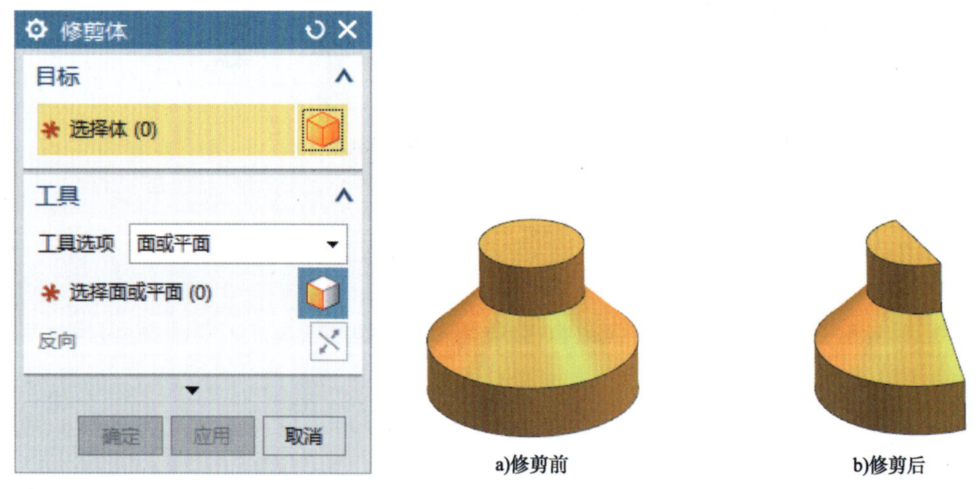

图 4-8 “修剪体”对话框　　图 4-9 “修剪体”示意图

三、缩放体

缩放体是缩放实体或片体，其命令调用如下。

菜单：选择“菜单”→“插入”→“偏置/缩放”→“缩放体”命令，出现“缩放体”对话框，如

图 4-10 所示。

图 4-10　“缩放体”对话框

对对话框进行操作，过程如图 4-11 所示。

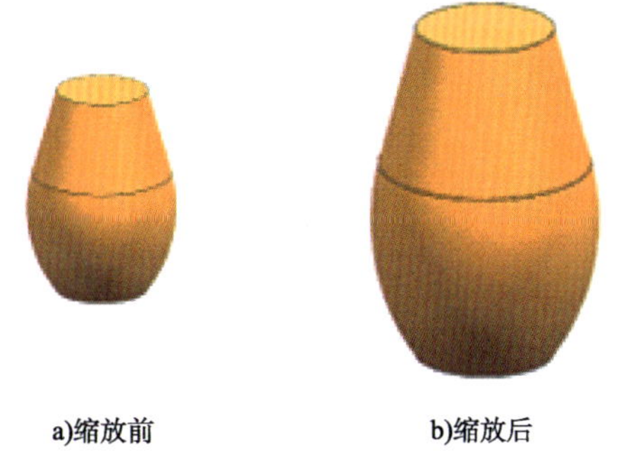

图 4-11　“缩放体”示意图

第三节　特征参数编辑

一、编辑参数

“编辑参数”用于在创建特征时使用的方式和参数值的基础上编辑特征，如图 4-12 所示。选择下拉菜单“编辑”→“特征”→“编辑参数”命令，在弹出的“编辑参数”对话框中选取需要编辑的特征或在已绘图形中选择需要编辑的特征，系统会由用户所选择的特征弹出不同的对话框来完成对该特征的编辑。

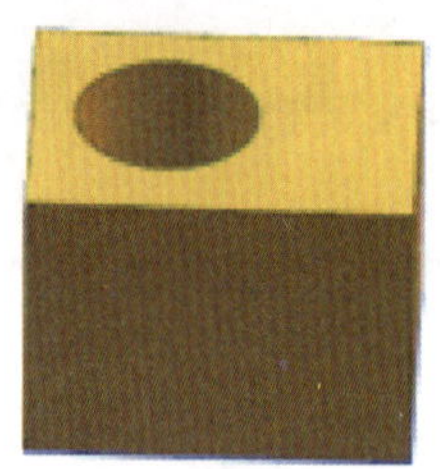

a)编辑参数前　　b)编辑参数后

图 4-12　“编辑参数”示意图

二、编辑定位

“编辑定位”命令用于对目标特征重新定义位置，包括修改、添加和删除定位尺寸。

用户可以通过：“菜单”→“编辑”→“特征”→“编辑位置”命令，来编辑目标特征的定位，如图 4-13 所示。

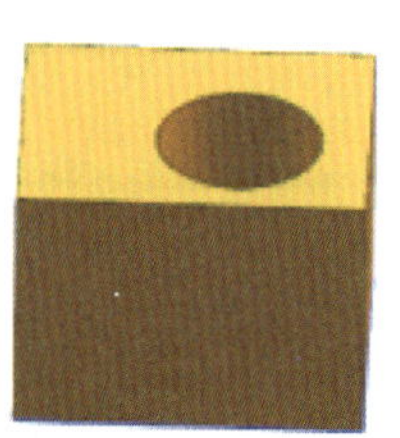

a)编辑定位前　　b)编辑定位后

图 4-13　“编辑定位”示意图

三、特征移动

特征移动用于把无关联的特征移到需要的位置(图 4-14)。用户可以通过“菜单”→“编辑”→“特征”→“移动”命令编辑目标特征的移动。

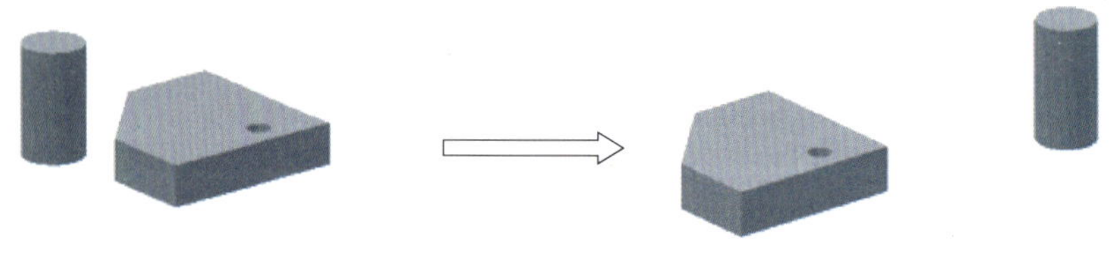

a)特征移动前　　b)特征移动后

图 4-14　“特征移动”示意图

四、特征重排序

特征重排序可以改变特征应用于模型的次序，即将重定位特征移至选定的参考特征之前或之后。对具有关联性的特征重排序以后，与其关联的特征也被重排序。

用户可以通过“菜单”→“编辑”→“特征”→“重排序”命令编辑目标特征的重排序，如图 4-15 所示。

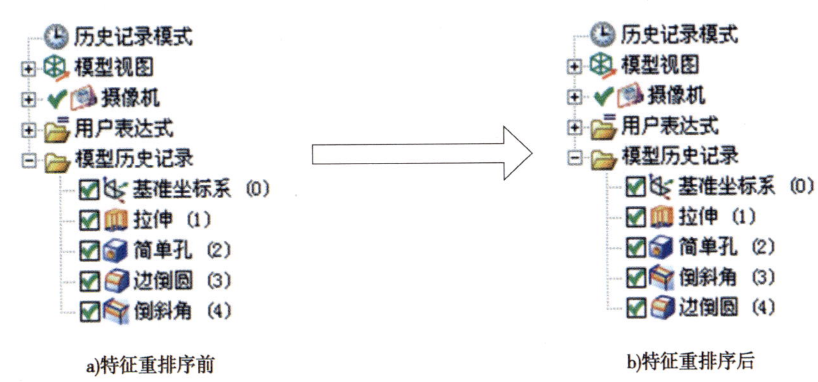

图 4-15　“特征重排序”示意图

五、特征的抑制与取消抑制

特征的抑制操作可以从目标特征中移除一个或多个特征，当抑制相互关联的特征时，关联的特征也将被抑制（图 4-16）。当取消抑制后，特征及与之关联的特征将显示在图形区。用户可以通过“菜单”→“编辑”→“特征”→“抑制”命令编辑目标特征的抑制。

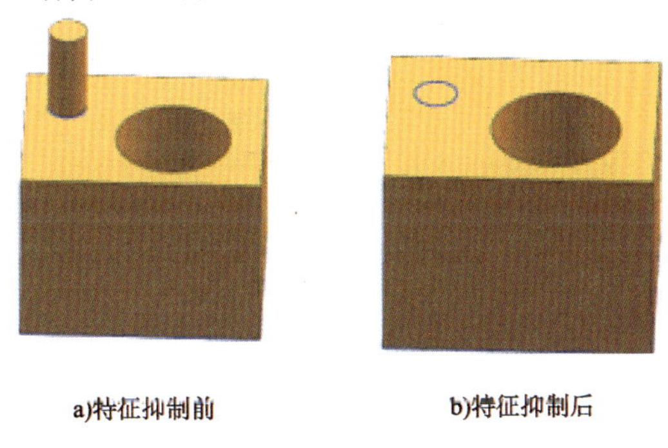

a)特征抑制前　　b)特征抑制后

图 4-16　“特征抑制”示意图

六、特征回放

用户通过“菜单”→“编辑”→“特征”→“特征回放”命令，可以逐次显示特征，表示模型的构造过程。

七、信息获取

信息（Information）下拉菜单提供了获取有关模型信息的选项。

八、细节

在模型树中选择某个特征后，在“细节”面板中会显示该特征的参数、值和表达式，对某个表达式用鼠标右击，在弹出的快捷菜单中选择命令，可以对表达式进行编辑，以便对模型进行修改。

第四节　对 象 操 作

一、控制对象模型的显示

模型的显示控制主要通过“视图”工具条来实现，也可通过下拉菜单中的命令来实现，如图 4-17 所示。

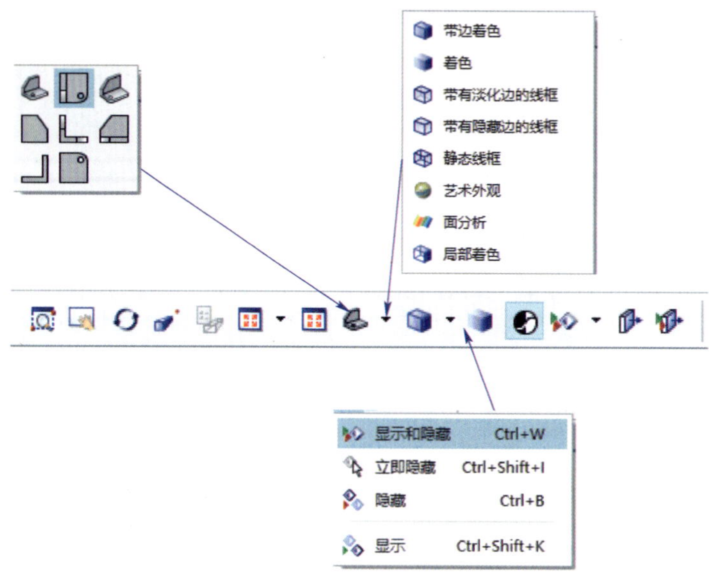

图 4-17　“模型显示”工具条

二、删除对象

利用“编辑”下拉菜单中的“删除”命令可以删除一个或多个对象，如图 4-18 所示。

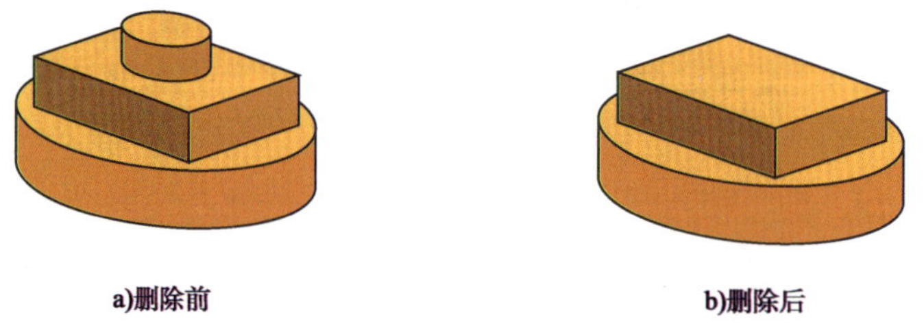

a)删除前　　b)删除后

图 4-18　“特征抑制”示意图

三、隐藏与显示对象

对象的隐藏与显示就是通过一些操作，使该对象在零件模型中不显示或显示 如图 4-19 所示。

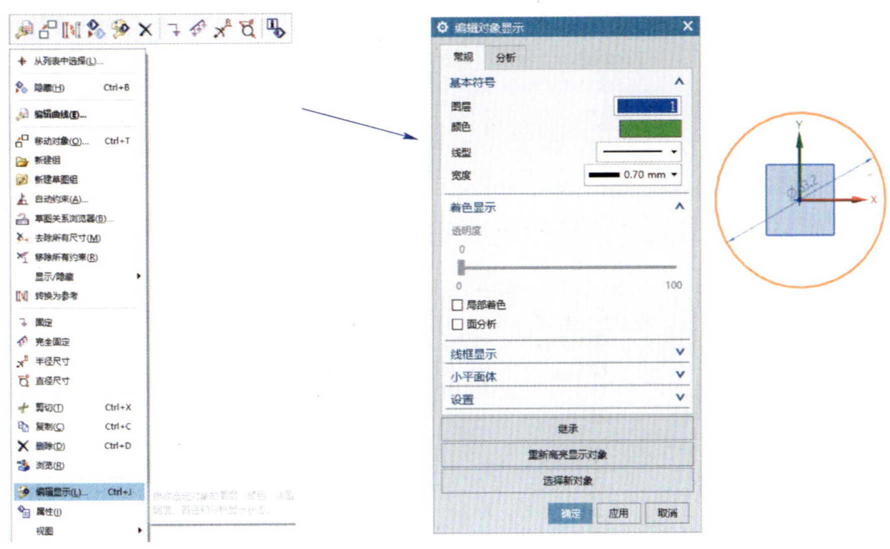

图 4-19　隐藏和显示对象

四、编辑对象显示

编辑对象的显示就是修改对象的层、颜色、线型和宽度等，命令调用可将鼠标放到要编辑显示的对象上，右键单击。

五、分类选择对象

UG NX12.0 提供了一个工具，利用选择对象类型和选择范围的方法，以达到快速选取对象的目的。可以利用“类型过滤器”对象类型过滤功能，来限制选择对象的范围。选中的对象以高亮方式显示。

第五节　UG NX 12.0 中图层的使用

在一个 UG NX 12.0 部件中，最多可以含有 256 个图层，但工作图层只能有一个，所有的操作只能在工作图层上进行，如果要在某图层中创建对象，则应在创建对象前使其成为当前工作图层。每个图层可含有部件中的所有对象，一个对象的部件也可以分布在任意一个或多个图层中。

一、设置图层

设置工作层、可见与不可见图层，并定义图层的类别名称。

命令的调用可通过“菜单”→“格式”→“图层设置”，出现如图 4-20 所示对话框。

利用该对话框，用户可以根据需要设置图层的名称、分类、属性和状态等，也可以查询图层的信息，还可以进行有关图层的一些编辑操作。

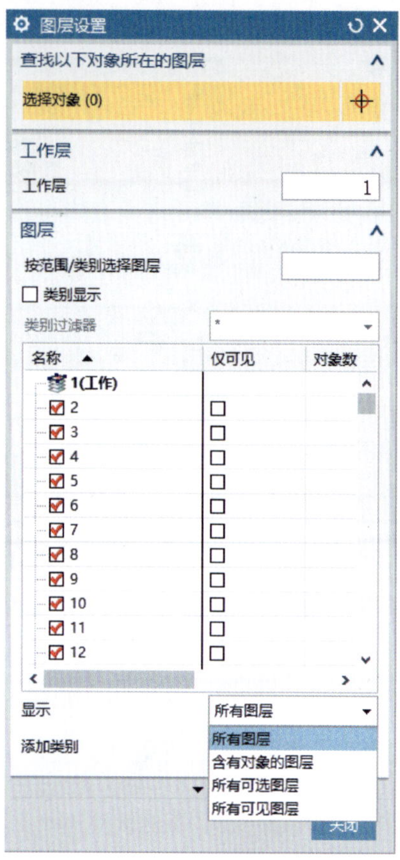

图 4-20　图层设置

二、视图中的可见图层

使用“格式”下拉菜单中“视图中的可见层”的命令，可以设置图层的可见或不可见。

三、移动至图层

“移动至图层”功能用于把对象从一个图层移出并放置到另一个图层。

四、复制至图层

“复制至图层”功能用于把对象从一个图层复制到另一个图层，且源对象依然保留在原来的图层上。

第六节　模型的测量

一、测量距离

菜单：“菜单”→“分析”→“测量距离”，系统弹出图 4-21 所示的“测量距离”对话框，用户可以通过此对话框来测量距离,结果如图 4-22 所示。

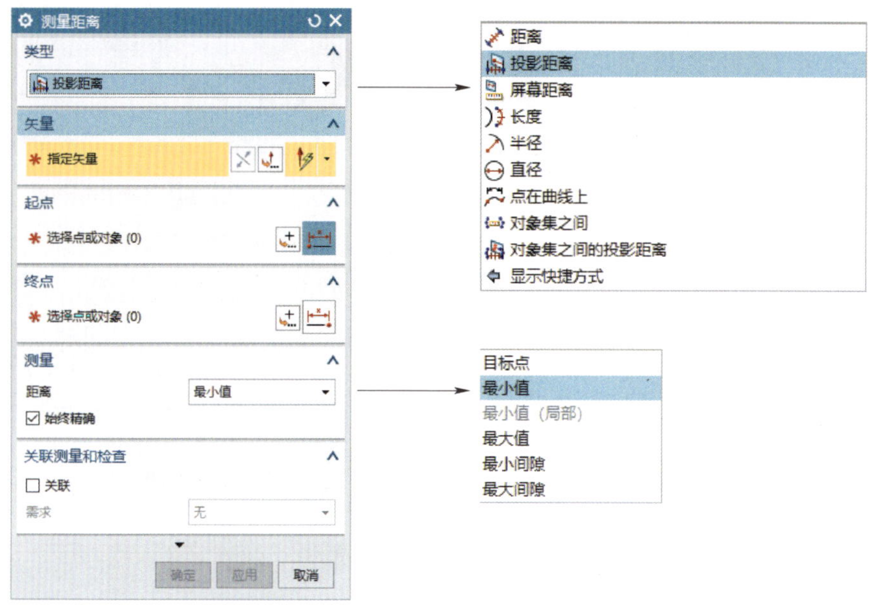

图 4-21　“测量距离”对话框

二、测量角度

菜单:“菜单”→“分析”→“测量角度”,系统弹出如图 4-23 所示的“测量角度”对话框,用户可以通过此对话框来测量角度,如图 4-24 所示。

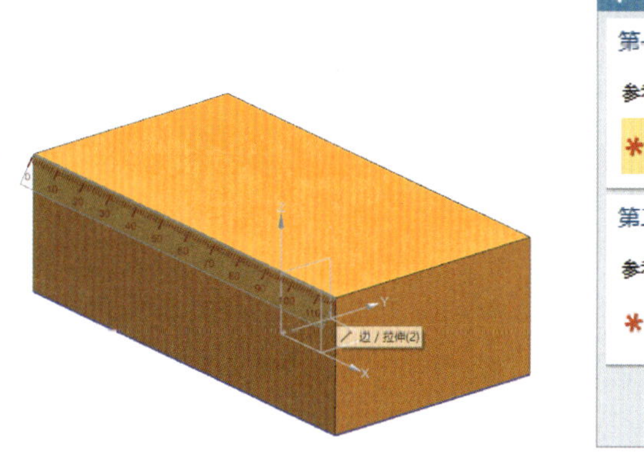

图 4-22　“测量距离”示意图

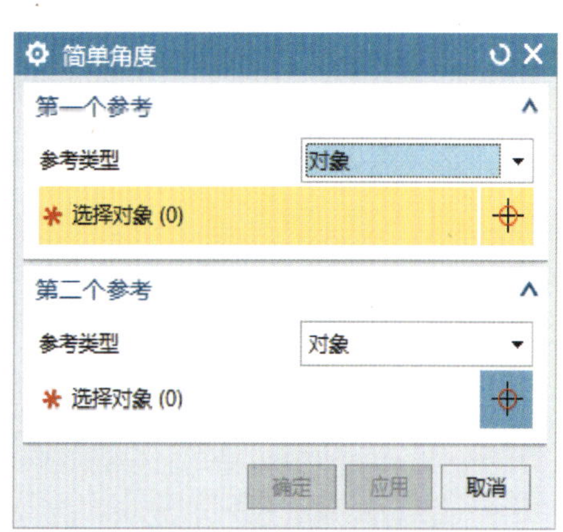

图 4-23　“测量角度”对话框

三、测量面积及周长

通过:“菜单”→“分析”→“测量面”,来测量面积和周长,对话框如图 4-25 所示。选择要测量的面,结果如图 4-26 所示。

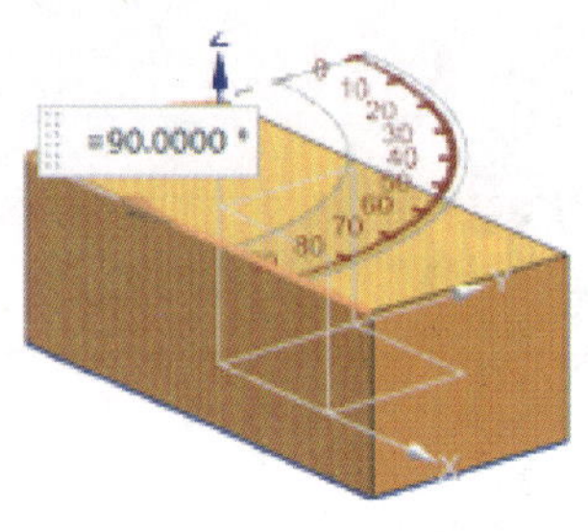

a)测量边与边间的角度

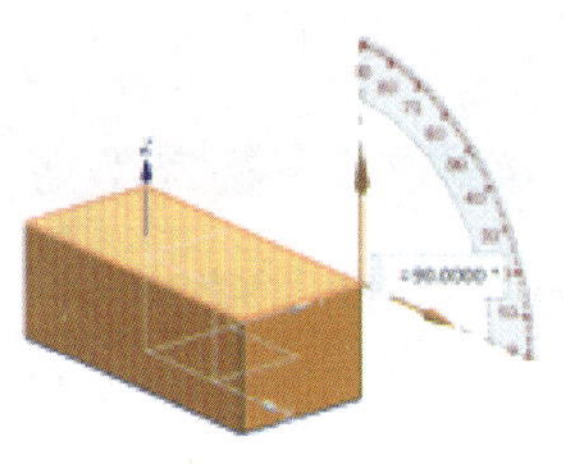
b)测量面与面间的角度

图 4-24 “测量角度”示意图

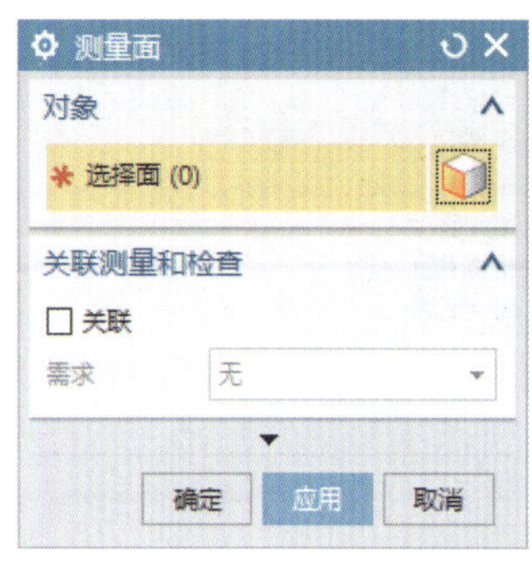

图 4-25 “测量面积(周长)”对话框

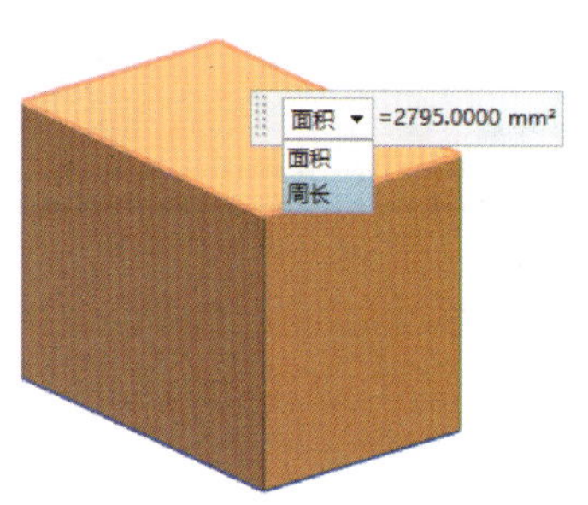

图 4-26 “测量面积(周长)”示意图

四、测量局部半径

通过:“菜单”→“分析”→“局部半径分析”,来测量局部半径,对话框如图 4-27 所示。选择要测量局部半径的位置点,如图 4-28 所示。

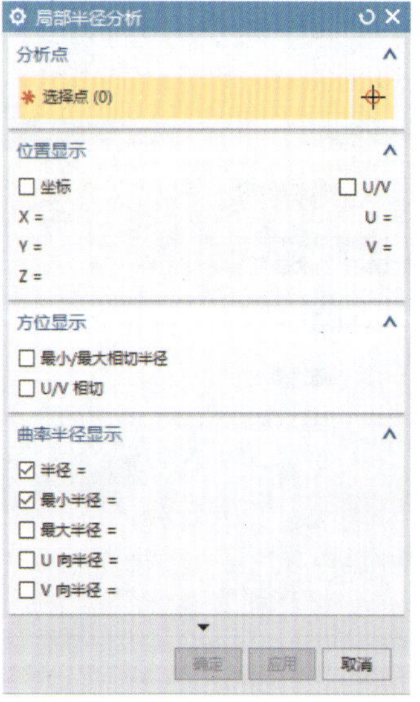

图 4-27 “局部半径分析”对话框

图 4-28 测量局部半径的位置点

结果如图 4-29 所示。

五、测量体积

命令调用:“菜单”→“分析”→“测量体”,命令来测量体积，如图 4-30 所示。

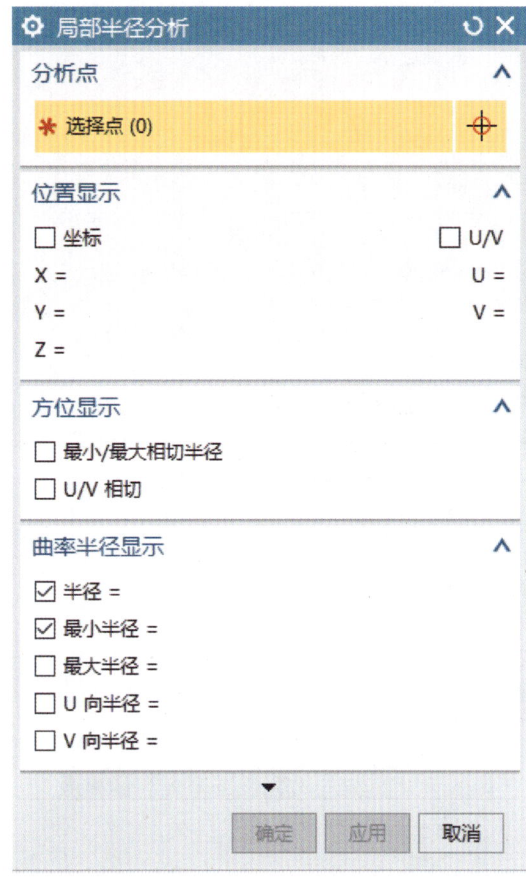

图 4-29　“测量局部半径”结果

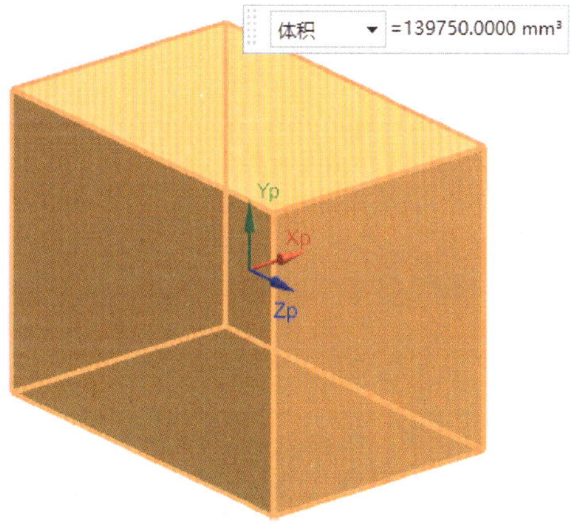

图 4-30　“测量体积”示意图

第七节　GC 工具箱

一、齿轮建模

1. 调用命令

调用命令如图 4-31 所示。

2. 建模过程

调用命令之后,出现如图 4-32 所示对话框。

选择“创建齿轮”,出现如图 4-33 所示对话框。

选择齿轮类型,出现“齿轮参数”对话框,如图 4-34 所示。

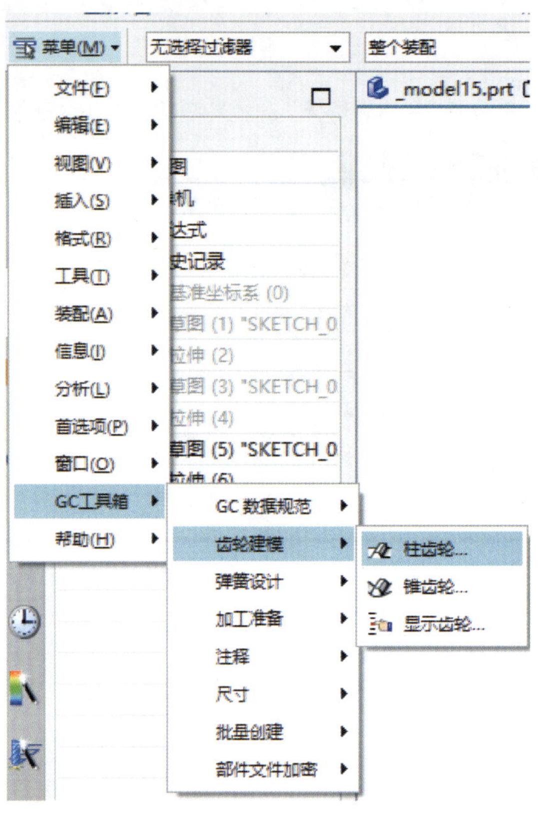

图 4-31 “齿轮建模”菜单

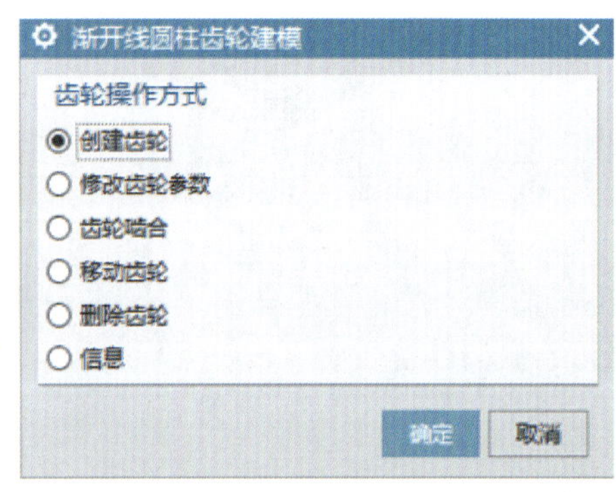

图 4-32 “创建齿轮”对话框

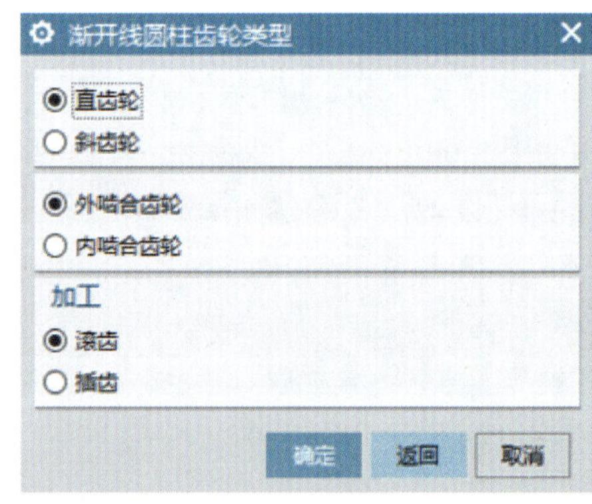

图 4-33 “选择齿轮类型”对话框

点击“确定”，出现选择矢量对话框，如图 4-35 所示。

选择齿轮放置方向，出现齿轮放置的位置“点”的对话框，如图 4-36 所示。

点击“确定”，完成“齿轮”的创建，如图 4-37 所示。

二、弹簧设计

命令的调用如图 4-38 所示。

调用命令后，出现如图 4-39 所示对话框。

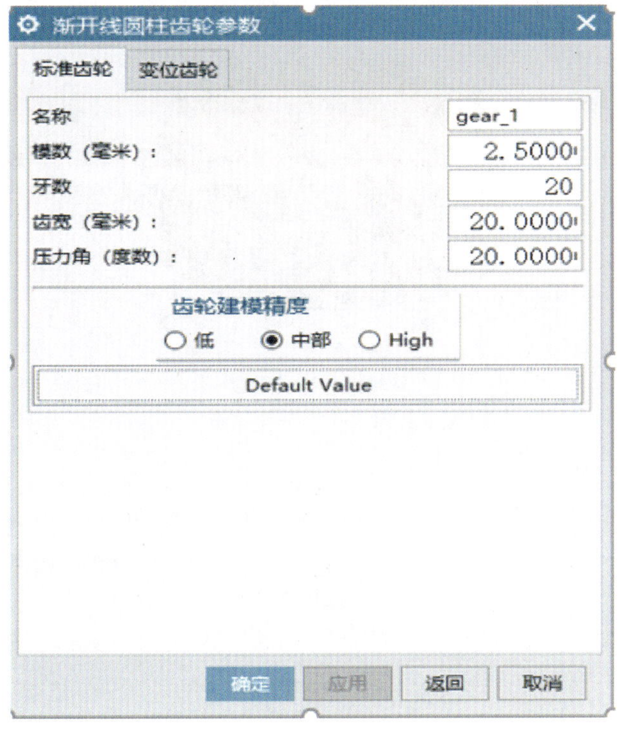

图 4-34　“齿轮参数设置”对话框

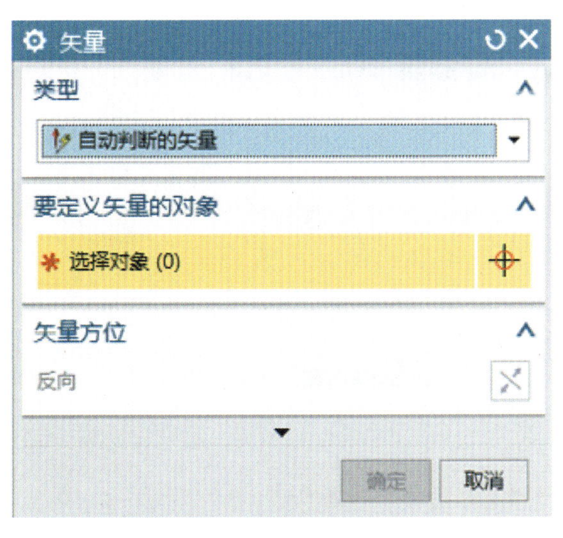

图 4-35　“矢量”对话框

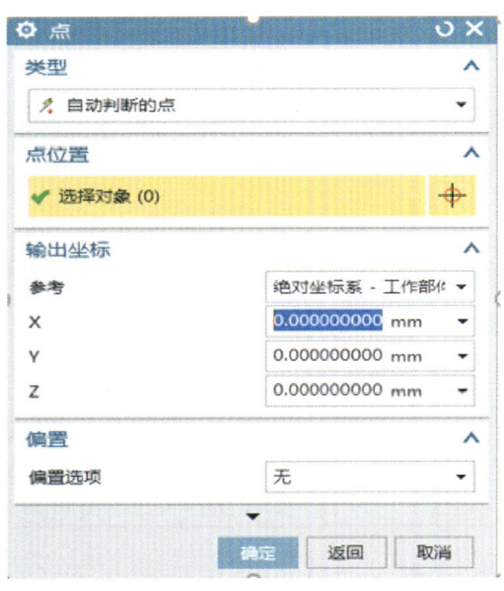

图 4-36　“点”对话框

点击“下一步”，出现“输入参数”对话框，如图 4-40 所示。

点击“完成”，完成“弹簧”的创建，如图 4-41 所示。

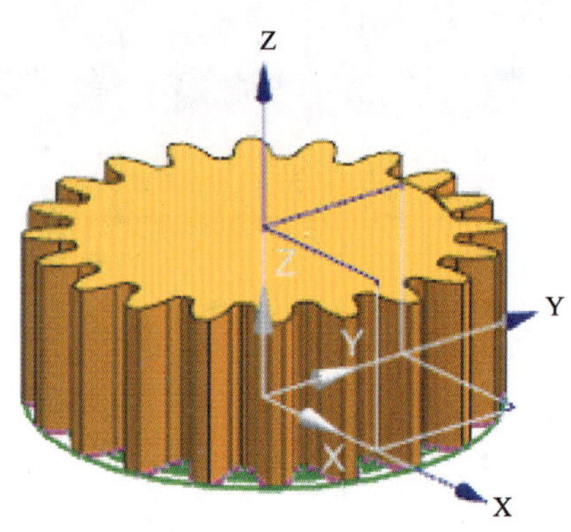

图 4-37　齿轮

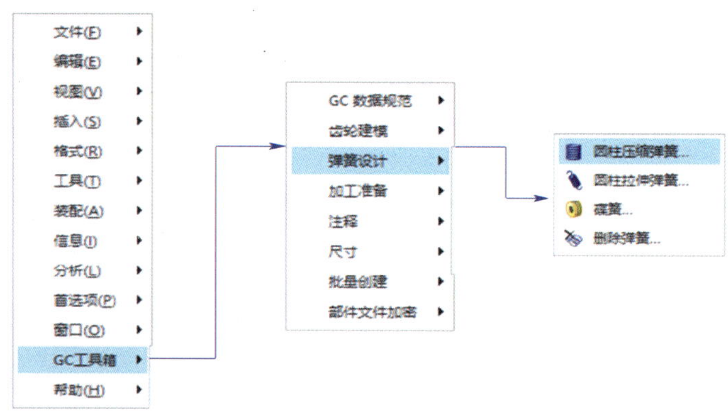

图 4-38　“弹簧设计”菜单

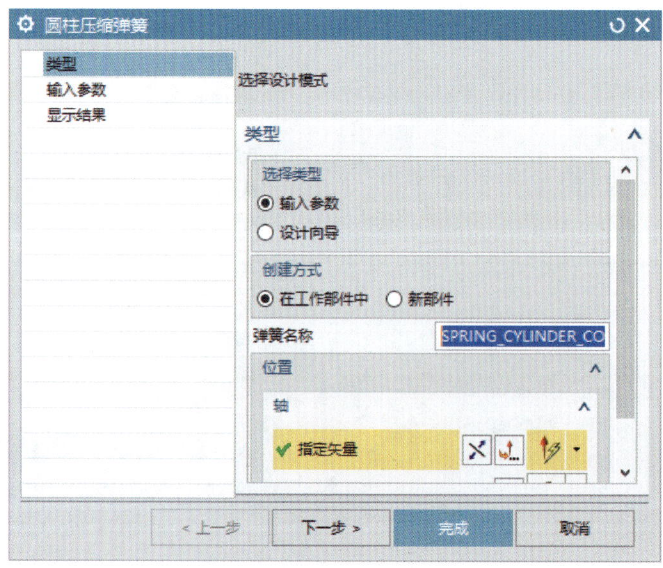

图 4-39　“弹簧设计”对话框

图 4-40　“参数”对话框

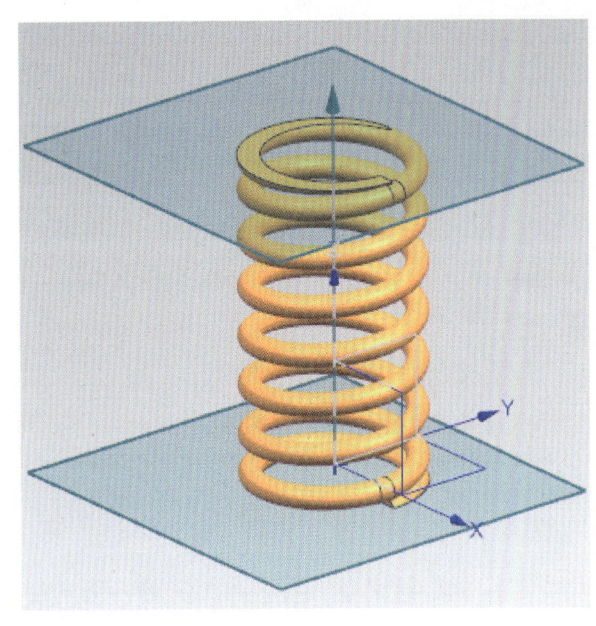

图 4-41　弹簧

第八节　幸福体验

同学们，现在你们的学习兴趣很浓，非常想自己设计一个零件，很喜欢自己的创意带来的成就感与幸福感，那么就参照如图 4-42 所示的皮带轮，设计一款皮带轮！加油吧！

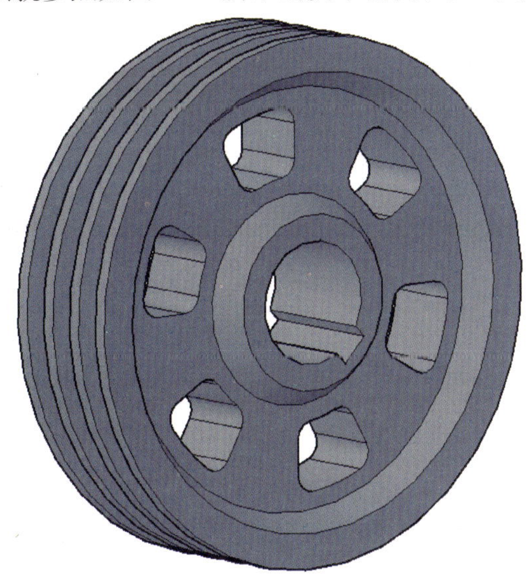

图 4-42　皮带轮

第五章　钣 金 设 计

技能目标

1. 能够合理设置钣金参数。
2. 熟练使用钣金设计工具。
3. 掌握钣金设计的建模方法。
4. 能够综合利用钣金工具合理制作钣金件。

第一节　钣金环境介绍

一、建立钣金文件

（1）菜单："菜单"→"文件"→"新建"，出现"新建"对话框，如图 5-1 所示。

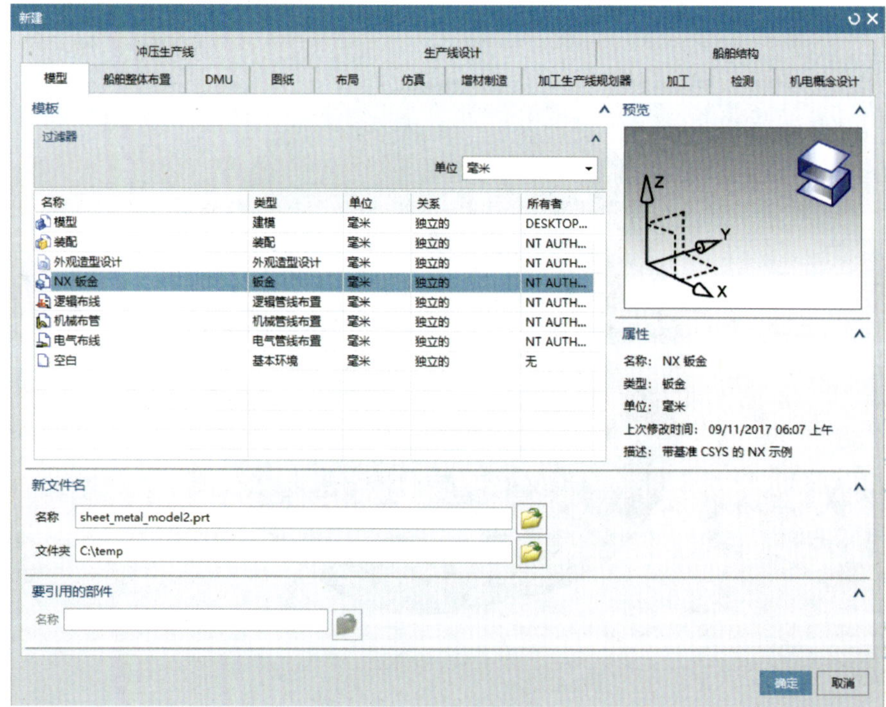

图 5-1　"新建"对话框

(2)在对话框中选择"NX 钣金",输入文件名和保存路径,单击"确定",进入钣金设计环境,如图 5-2 所示。

图 5-2 "钣金"界面

(3)在其他环境中,单击"应用模块"选项卡"设计"组中的钣金按钮,进入钣金设计环境。

二、钣金首选项

钣金首选项可以设置材料厚度、折弯半径和折弯缺口等默认属性,也可以根据需要更改这些设置。

命令的调用:通过"菜单"→"首选项"→"钣金",出现"钣金首选项"对话框(图 5-3),在对话框中,可以设置首选项。

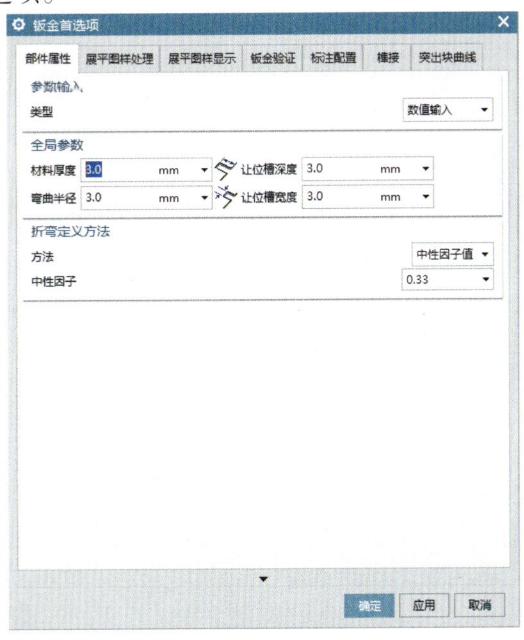

图 5-3 "钣金首选项"对话框

第二节　创建钣金特征

一、突出块

沿矢量方向将草图拉伸一定厚度值来创建基本特征，或者对平的面添料，可以添加所选的其他平面生成折弯作为基本特征的部分，可以使封闭轮廓创建任何形状的扁平特征。

命令的调用有如下两种。

(1)菜单："菜单"→"插入"→"突出块"。

(2)功能区：单击"主页"选项卡中的"基本"组中突出块按钮。

出现"钣金首选项"对话框，如图5-4所示。

选择曲线，操作结果如图5-5所示。

图5-4　"突出块"对话框

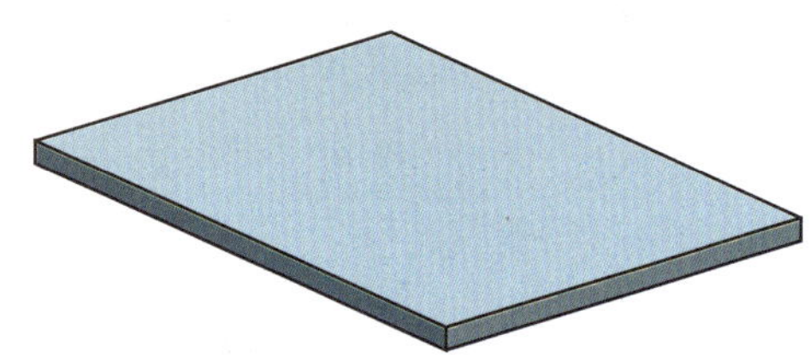

图5-5　突出块

二、实体特征转换为钣金

构建钣金模型，其形状取自一组平的面。

(1)菜单："菜单"→"插入"→"折弯"→"实体特征转换为钣金"。

(2)功能区：单击"主页"选项卡中的"基本"组中"实体特征转换为钣金"按钮，出现"实体特征转换为钣金"对话框，如图5-6所示。

三、弯边

在某一角度添加平的弯边到平的面，并使两者之间添加折弯。

命令的调用有如下两种。

(1)菜单："菜单"→"插入"→"折弯"→"弯边"。

(2)功能区：单击"主页"选项卡中的"折弯"组中"弯边"按钮 。出现"弯边"对话

框,如图 5-7 所示。

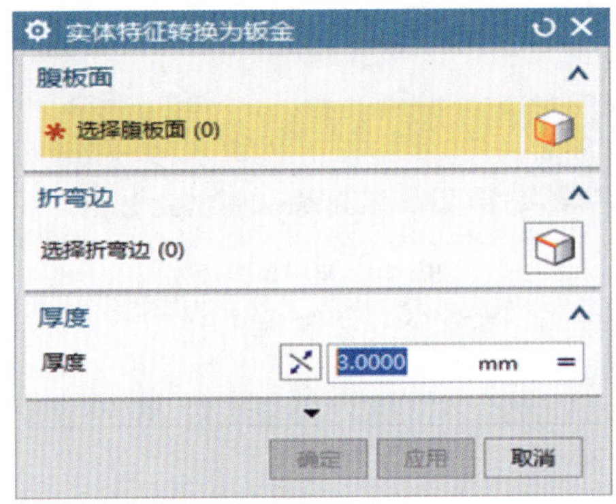

图 5-6 “实体特征转换为钣金”对话框

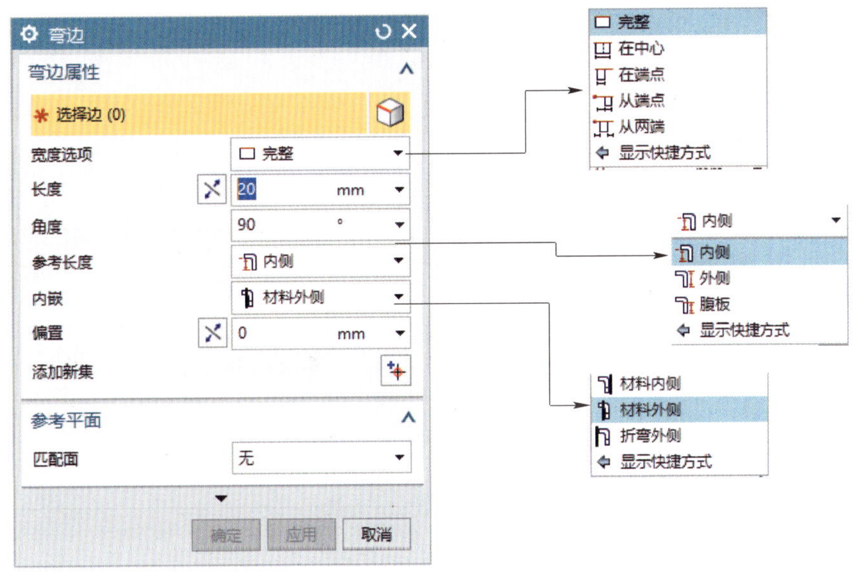

图 5-7 “弯边”对话框

设置对话框里各选项,操作如图 5-8 ~ 图 5-10 所示。

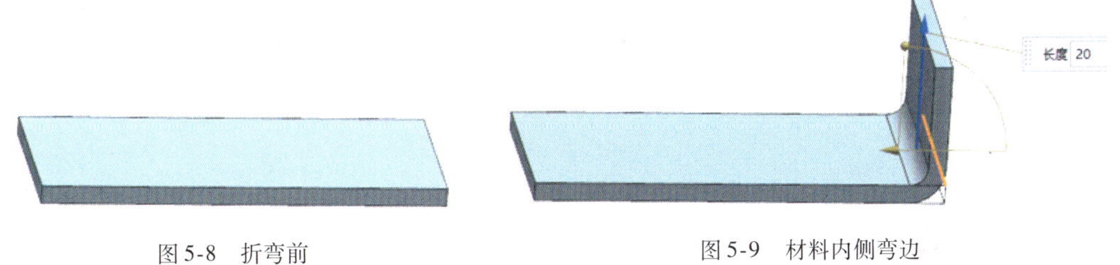

图 5-8 折弯前

图 5-9 材料内侧弯边

四、轮廓弯边

轮廓弯边是通过沿矢量拉伸草图来创建基本特征,或者通过延边或沿边链扫掠草图来填料。

命令的调用有如下两种。

图 5-10　材料外侧弯边

（1）菜单：“菜单”→“插入”→“折弯”→“轮廓弯边”。

（2）功能区：单击“主页”选项卡中的“折弯”组中“轮廓弯边”按钮。出现“轮廓弯边”对话框，如图 5-11 所示。

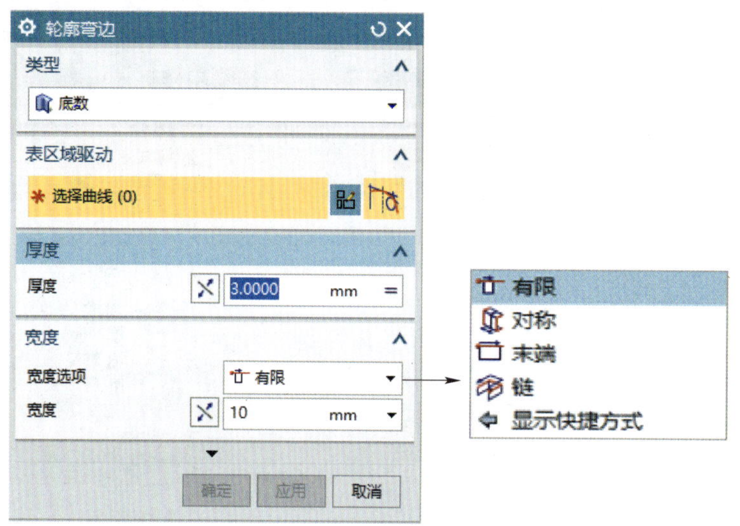

图 5-11　“轮廓弯边”对话框

轮廓弯边前后如图 5-12、图 5-13 所示。

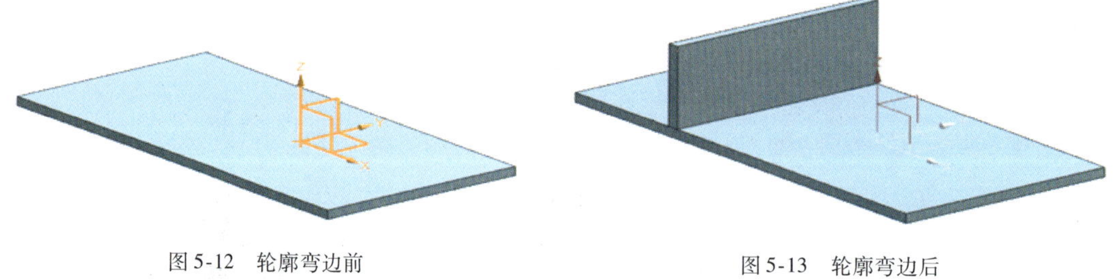

图 5-12　轮廓弯边前

图 5-13　轮廓弯边后

五、放样弯边

放样弯边是在两个截面之间创建基本或次要特征，这两个截面之间的放样形状为线性过渡。

命令的调用有如下两种。

（1）菜单：“菜单”→“插入”→“折弯”→“放样弯边”。

（2）功能区：单击“主页”选项卡中的“折弯”组中的“更多”组中“放样弯边”按钮。

注意草图是不能封闭的即开环草图截面。

出现“放样弯边”对话框,如图 5-14 所示。

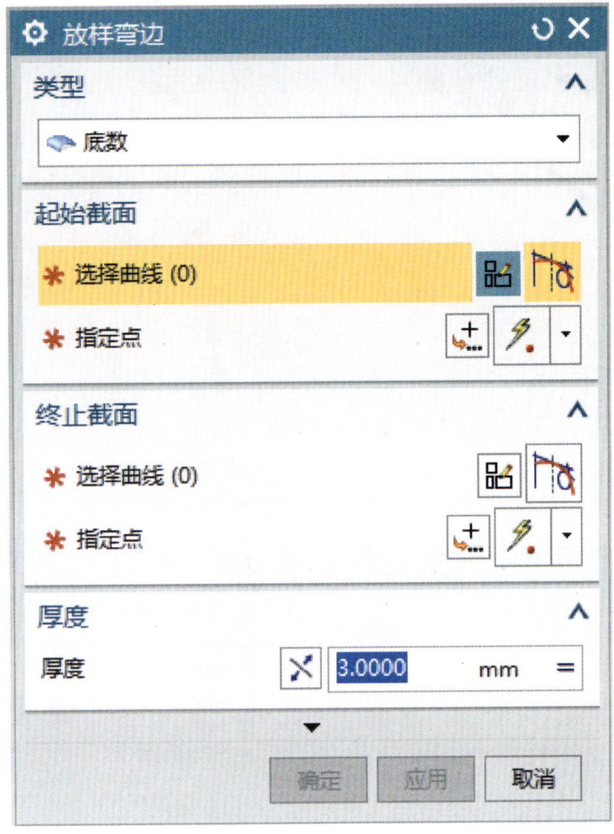

图 5-14　“放样弯边”对话框

“放样弯边”生成过程如图 5-15 ~ 图 5-18 所示。

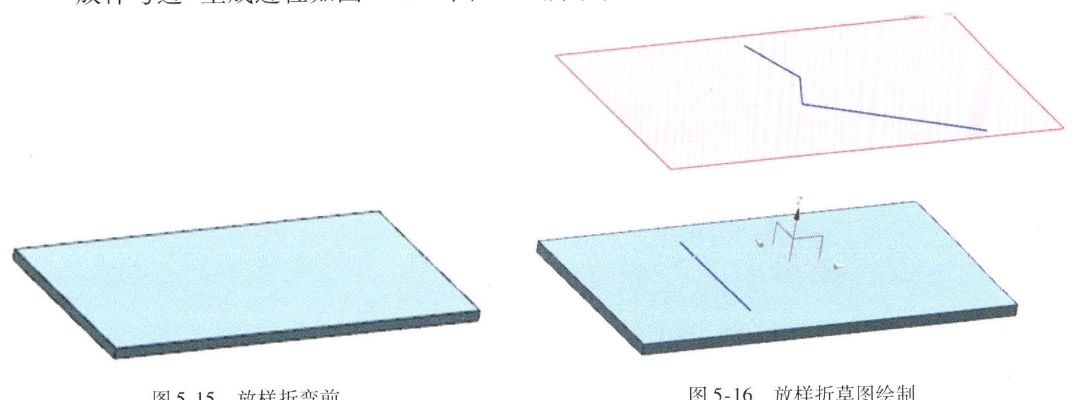

图 5-15　放样折弯前

图 5-16　放样折草图绘制

六、折边弯边

折边弯边通过将钣金弯边的边折叠到弯边上来修改模型,以便于安全操作或增加边刚度。

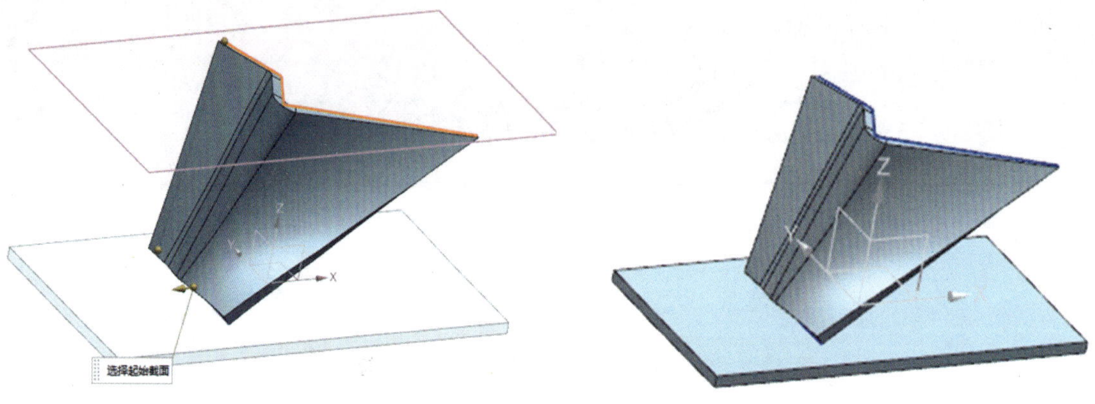

图 5-17　放样折弯过程　　　　图 5-18　放样折弯后

命令的调用有如下两种。

(1)菜单:“菜单”→“插入”→“折弯”→“折边弯边”。

(2)功能区:单击主页选项中的“折弯”组中“更多库”中的“折边弯边”按钮。

出现“放样弯边”对话框,如图 5-19 所示。

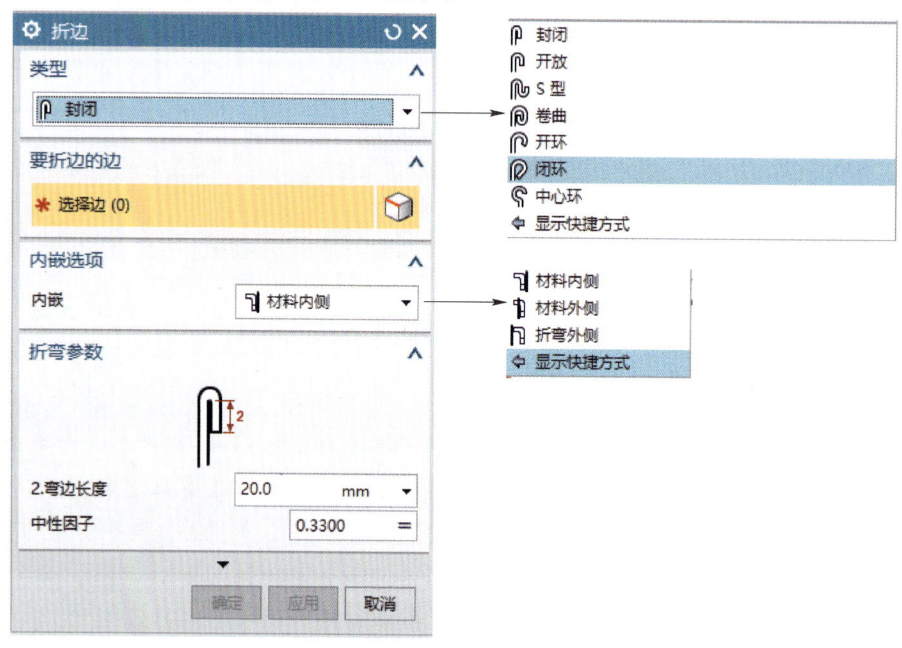

图 5-19　“折边弯边”对话框

“折边弯边”生成过程如图 5-20 和图 5-21 所示。

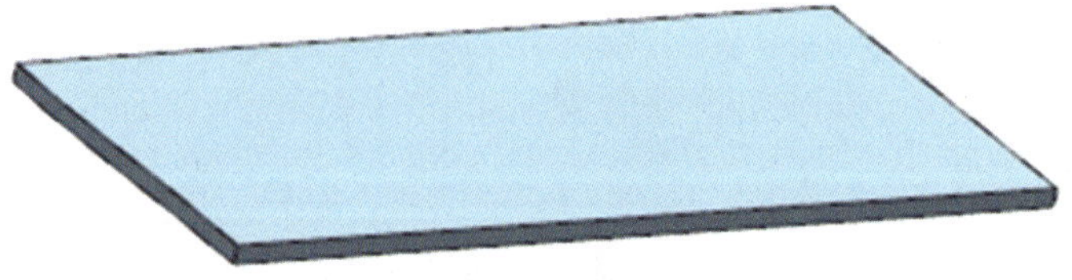

图 5-20　折边折弯前

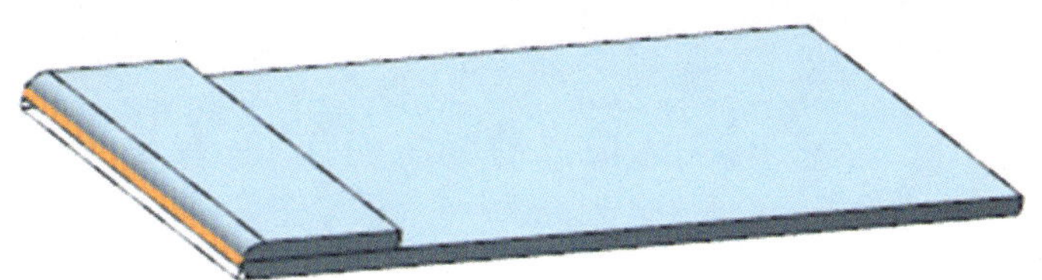

图5-21 折边折弯后

七、折弯

折弯通过在草图线的一侧折弯材料，在两侧之间添加折弯来修改模型。

命令的调用有如下两种。

(1)菜单:“插入”→“折弯”→“折弯(B)”。

(2)功能区:主页选项卡的“折弯”组中“更多”库中“折弯”按钮。

出现“折弯”对话框，如图5-22所示。

“折弯”生成过程如图5-23～图5-25所示。

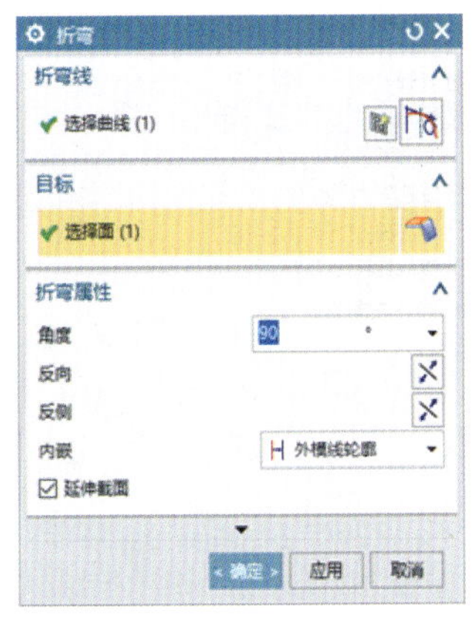

图5-22 “折弯”对话框

图5-23 折弯前

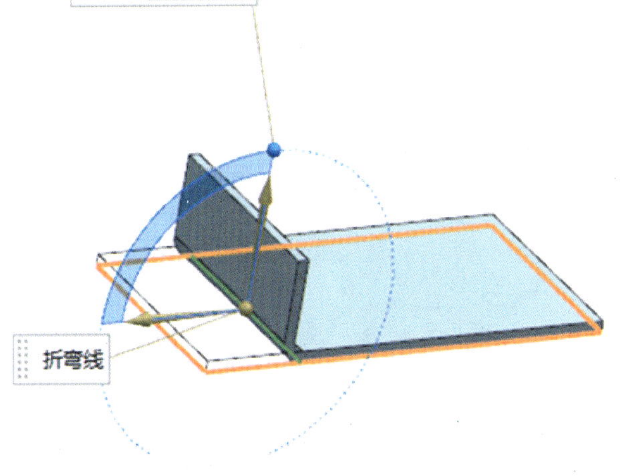

图5-24 折弯过程

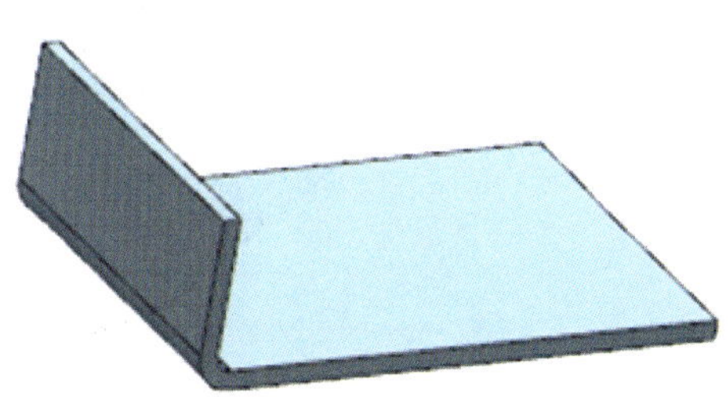

图5-25 折弯后

第三节 拐 角

一、封闭拐角

封闭拐角是指在通过延伸折弯和弯边使两个相邻弯边相连的地方封闭拐角。命令的调用有如下两种。

(1)菜单:“插入”→“拐角”→“封闭拐角”。

(2)功能区:主页选项卡的“拐角”组中“封闭拐角”按钮 。

出现“封闭拐角”对话框,如图5-26所示。

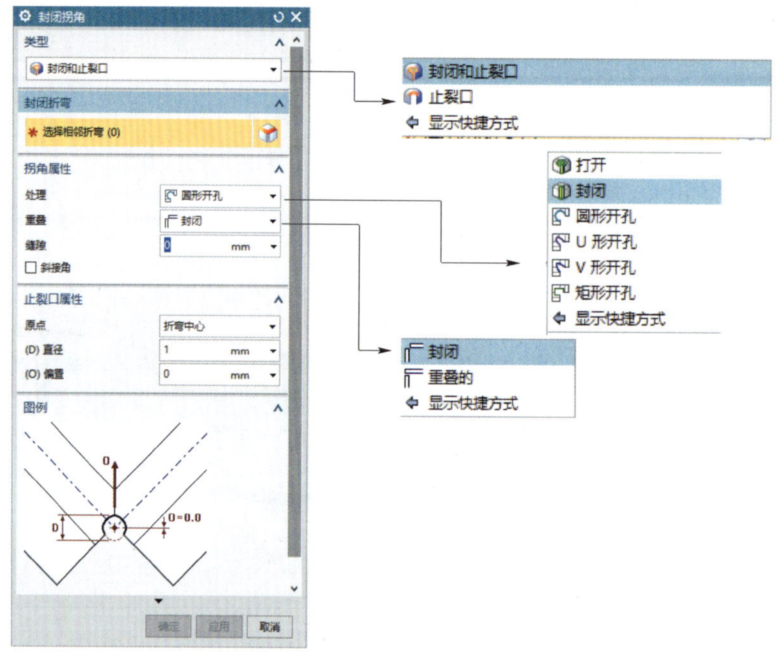

图5-26 “封闭拐角”对话框

“封闭拐角”生成过程如图5-27和图5-28所示。

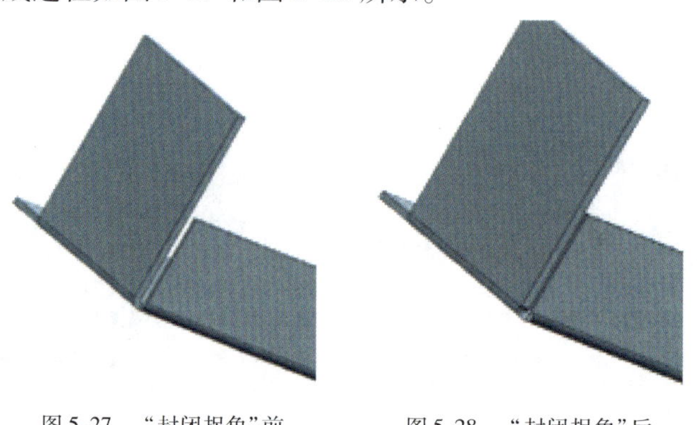

图5-27 “封闭拐角”前　　图5-28 “封闭拐角”后

二、倒角

倒角是指对平板或弯边的尖角进行倒圆或倒斜角。

命令的调用有如下两种。

(1)菜单:“插入”→“拐角”→“倒角”。

(2)功能区:主页选项卡的“拐角”组中“倒角”按钮。

出现“倒角”对话框,如图 5-29 所示。

结果如图 5-30 所示。

图 5-29 “倒角”对话框

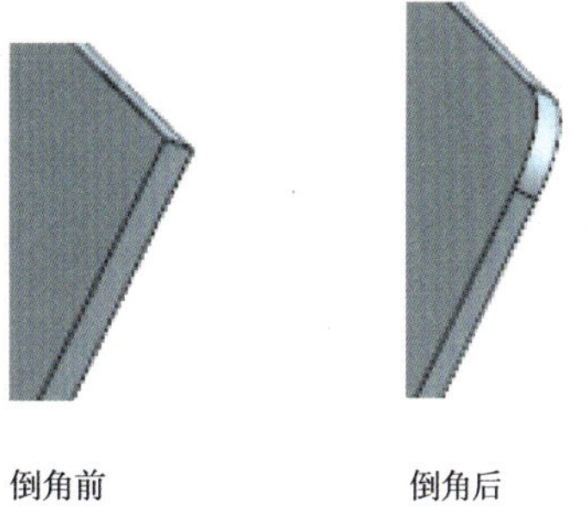

图 5-30 倒角

第四节 冲 孔

一、凹坑

凹坑是指在仿真冲压工具的草图内提升该模型的一个区域。

命令的调用有如下两种。

(1)菜单:“插入”→“冲孔”→“凹坑”。

(2)功能区:主页选项卡的“冲孔”组中“凹坑”按钮。

出现“凹坑”对话框,如图 5-31 所示。

结果如图 5-32 所示。

二、百叶窗

百叶窗是用仿真冲压工具的草图线为模型进行冲压,可以在钣金零件平面上创建通风窗的功能。

命令的调用有如下两种。

(1)菜单:“插入”→“冲孔”→“百叶窗”。

(2)功能区:主页选项卡的“冲孔”组中“百叶窗”按钮 实体冲压 。

出现“百叶窗”对话框,如图 5-33 所示。

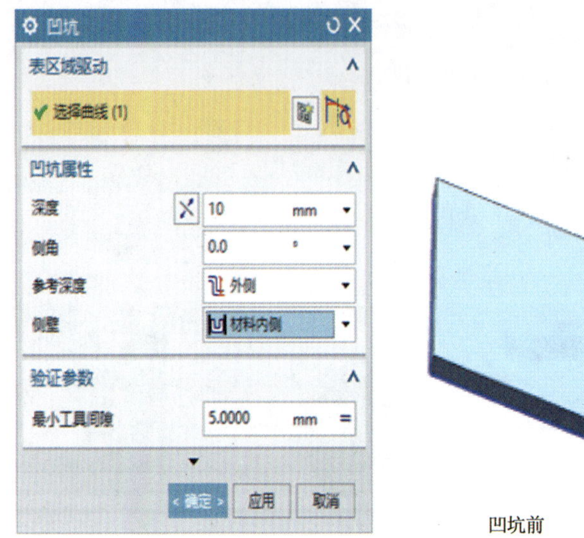

图 5-31 “凹坑”对话框

凹坑前　　凹坑后

图 5-32 凹坑

图 5-33 “百叶窗”对话框

结果如图 5-34 所示。

创建前　　创建后

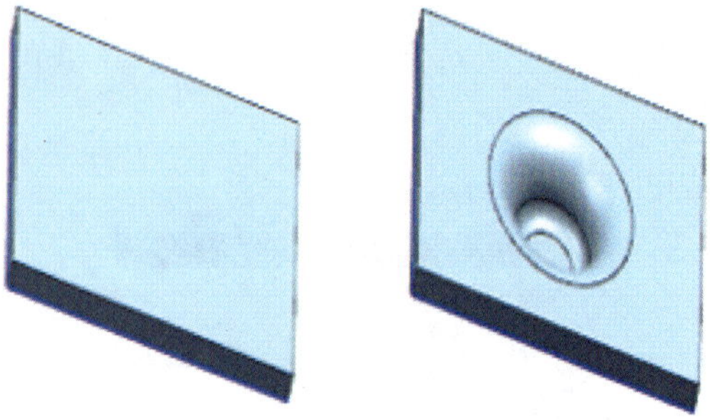

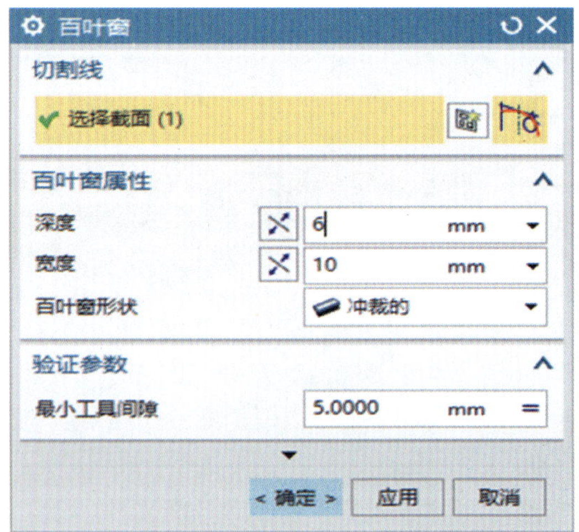

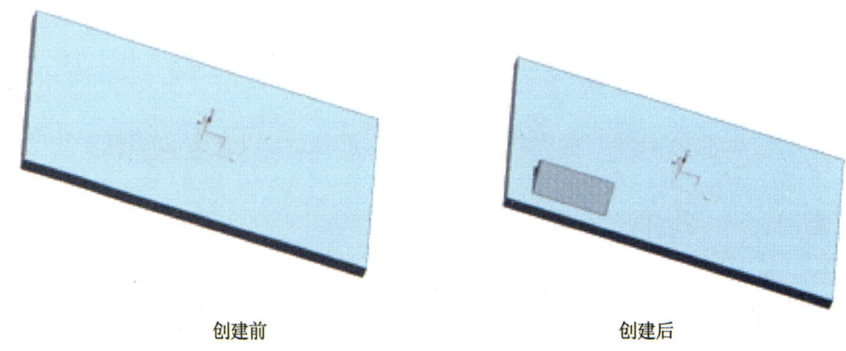

图 5-34 百叶窗

三、冲压开口

冲压开口是在模拟冲压工具的草图内切割该模型的一个区域。

命令的调用有如下两种。

(1)菜单:“插入”→“ 冲孔”→“冲压开孔”。

(2)功能区:主页选项卡的“冲孔”组中“冲压开孔”按钮 冲压开孔 。

四、筋

筋是沿仿真冲压工具的草图轮廓提升材料。

命令的调用有如下两种。

(1)菜单:“插入”→“冲孔”→“筋”。

(2)功能区:主页选项卡的“冲孔”组中“筋”按钮 筋 。

出现“筋”对话框,具体过程如图 5-35 所示。

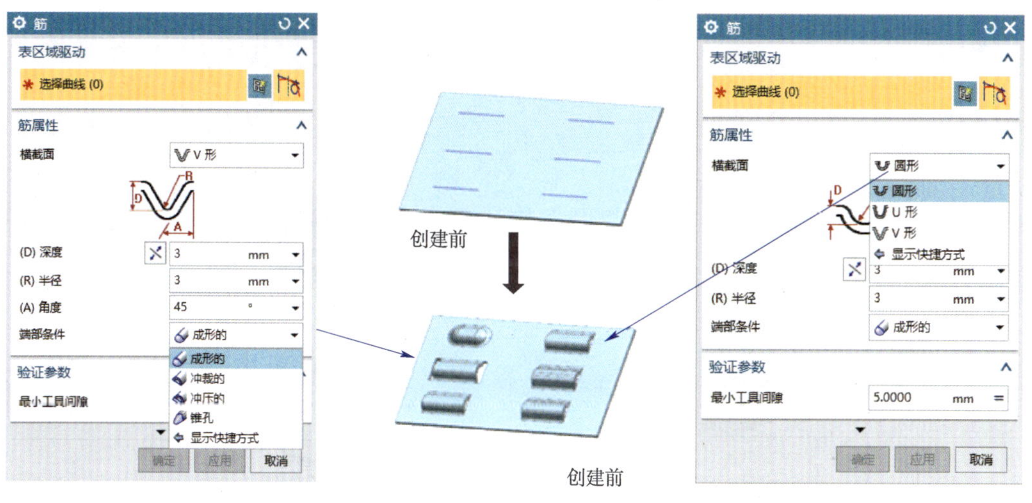

图 5-35 “筋”对话框

五、实体冲压

实体冲压命令的调用有如下两种。

(1)菜单:“插入”→“冲孔”→“实体冲压”。

(2)功能区:主页选项卡的“冲孔”组中“实体冲压”按钮 实体冲压 。

出现“实体冲压”对话框,如图 5-36 所示。

具体过程如图 5-37 所示。

六、加固板

加固板是指在部件上创建硬化加固板。

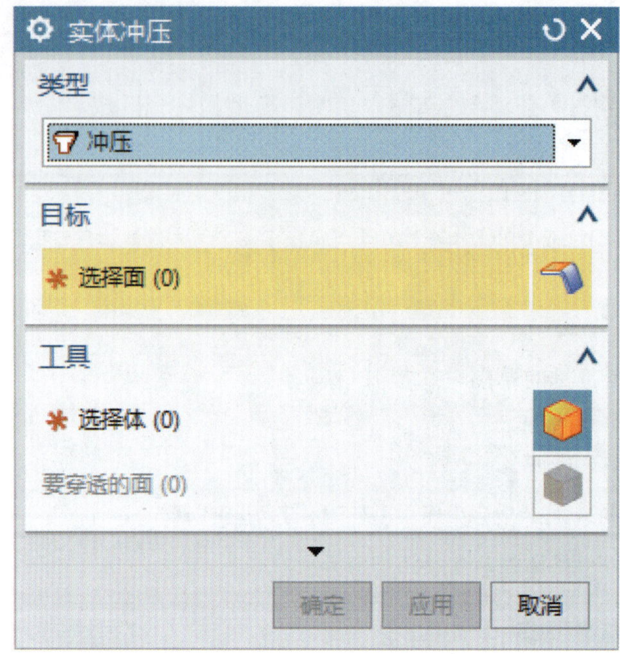

图 5-36 “实体冲压”对话框

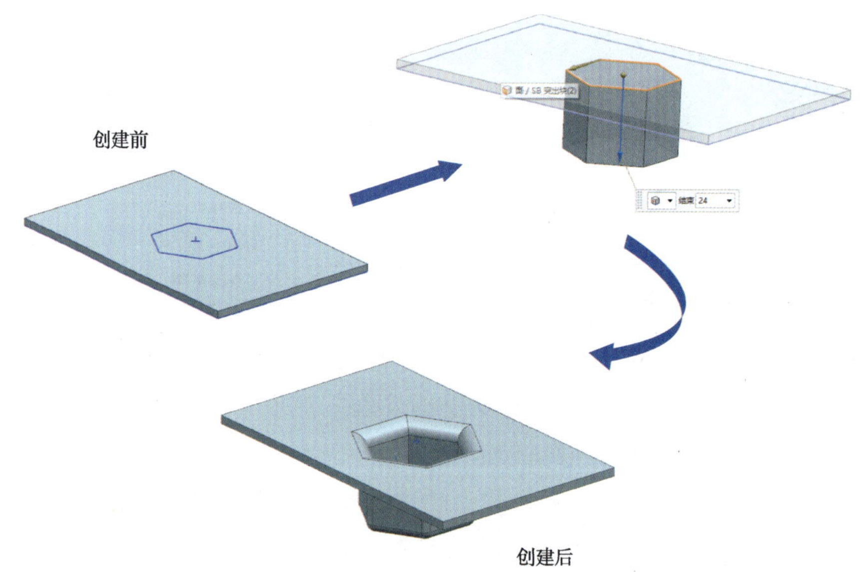

图 5-37 实体冲压

命令的调用有如下两种。

(1)菜单:“插入”→“冲孔”→“加固板”。

(2)功能区:主页选项卡的“冲孔”组中“加固板”按钮 加固板 。

出现“加固板”对话框,如图 5-38 所示。

示意图如图 5-39 ~ 图 5-41 所示。

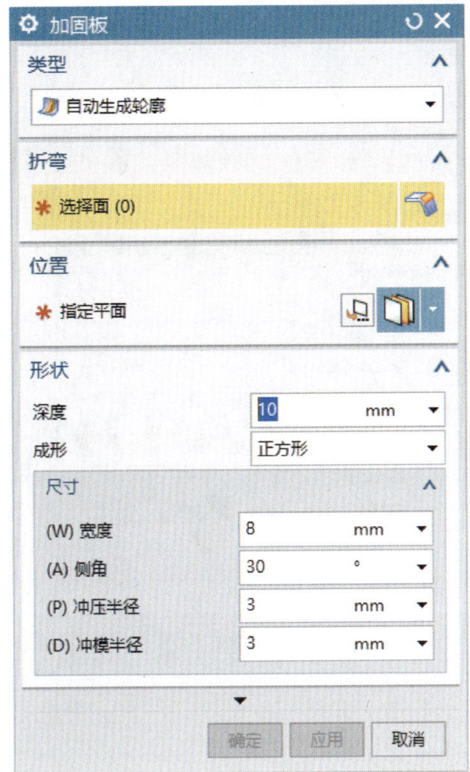

图 5-38 “加固板”对话框

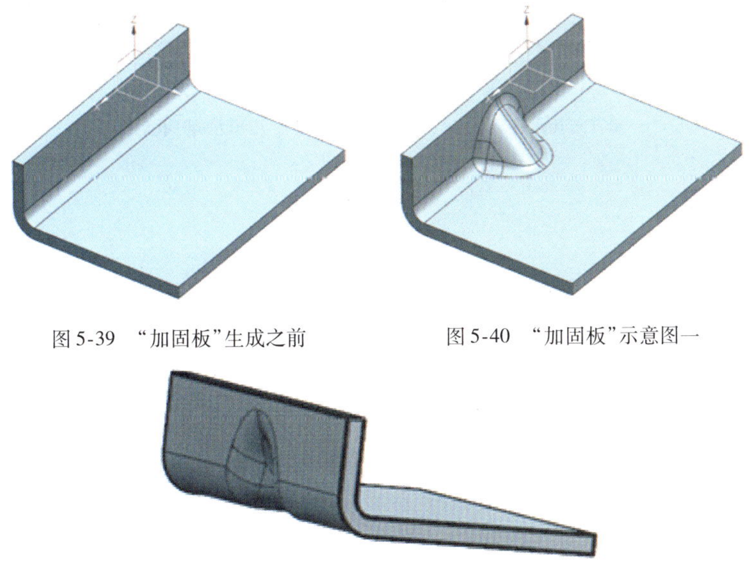

图 5-39 “加固板”生成之前

图 5-40 “加固板”示意图一

图 5-41 “加固板”示意图二

七、法向开孔

切割材料时将草图投影到模型上，然后在垂直于与投影相交的面的方向上进行切割，称为法向开孔。

命令的调用有如下两种。

(1)菜单:"插入"→" 切割"→"法向开孔"。

(2)功能区:主页选项卡的"特征"组中"法向开孔"按钮 法向开孔。

出现"法向开孔"对话框,如图 5-42 所示。

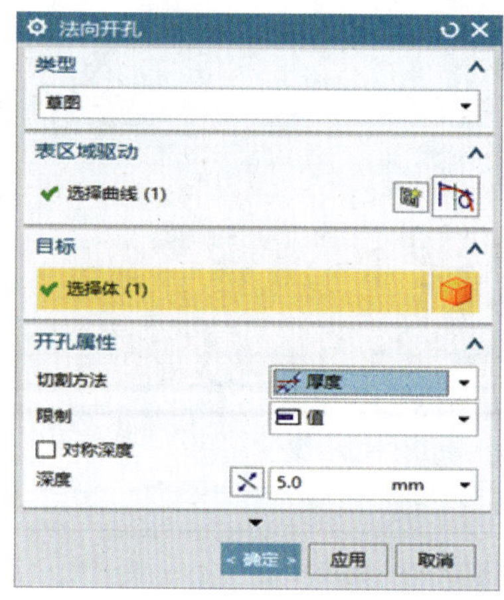

图 5-42 "法向开孔"对话框

示意图如图 5-43 所示。

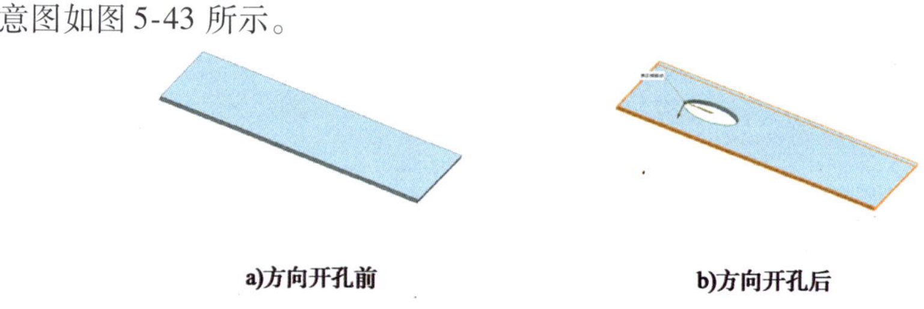

a)方向开孔前 b)方向开孔后

图 5-43 法向开孔

第五节 成 形

一、伸直

伸直是指展平折弯以及和折弯相邻的材料。

命令的调用有如下两种。

(1)菜单:"插入"→" 成形"→"伸直"。

(2)功能区:主页选项卡的"成形"组中"伸直"按钮 伸直 。

出现"伸直"对话框,如图 5-44 所示。

固定面或边:用来指定选择钣金零件平面或者边缘作为固定位置,来创建或取消折弯特征。

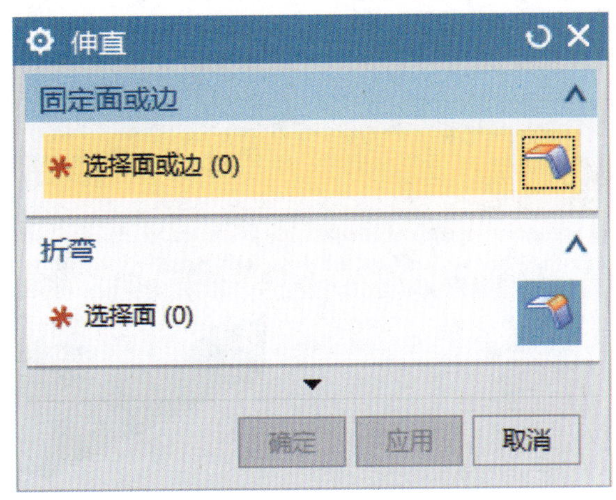

图 5-44　“伸直”对话框

折弯:用来选择将要执行取消折弯操作的折弯区域,可以选择一个或多个折弯区域圆柱面(内侧和外侧均可),选择折弯面后,折弯区域将高亮显示,具体操作如图 5-45 所示。

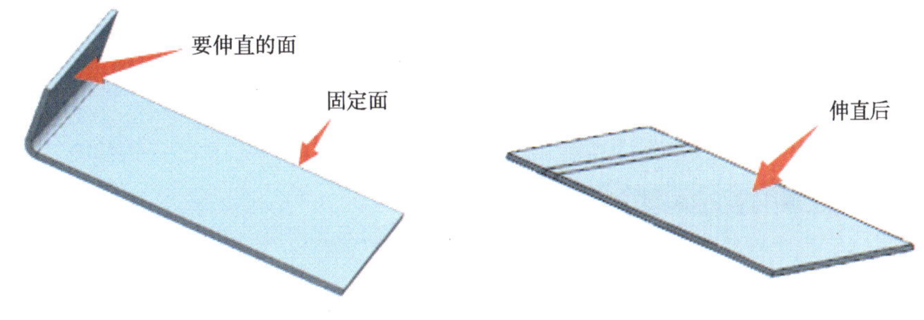

图 5-45　“伸直”示意图

二、重新折弯

重新折弯命令用来选择已经执行取消折弯操作的折弯面,执行重新折弯操作,可以选择一个或多个取消折弯特征,执行重新折弯操作,所选择的取消折弯特征将高亮显示。

命令的调用有如下两种。

(1)菜单:“插入”→“成形”→“重新折弯”。

(2)功能区:主页选项卡的“成形”组中“重新折弯”按钮 重新折弯。

出现“重新折弯”对话框,如图 5-46 所示。

三、调整折弯半径的大小

更改折弯半径,替代添加的折弯特征。

四、幸福创意

通过对钣金模块的学习,我们了解了钣金件的各种有趣的造型方法,完成多种漂亮的造型,可以增强我们的幸福感。下面我们通过实例进一步了解钣金命令的多样性,试做如图 5-47所示钣金件。

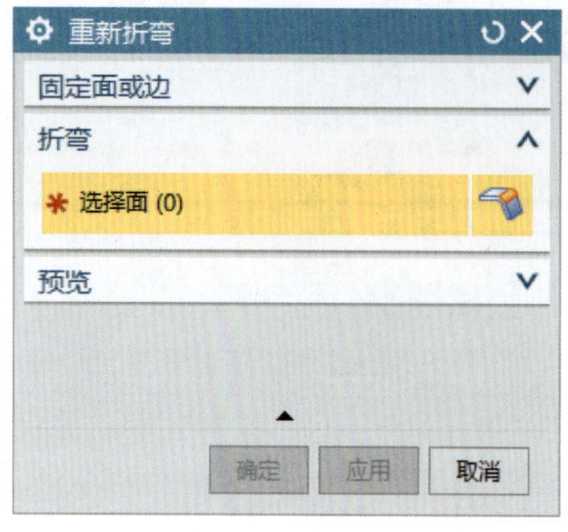

图 5-46　重新折弯

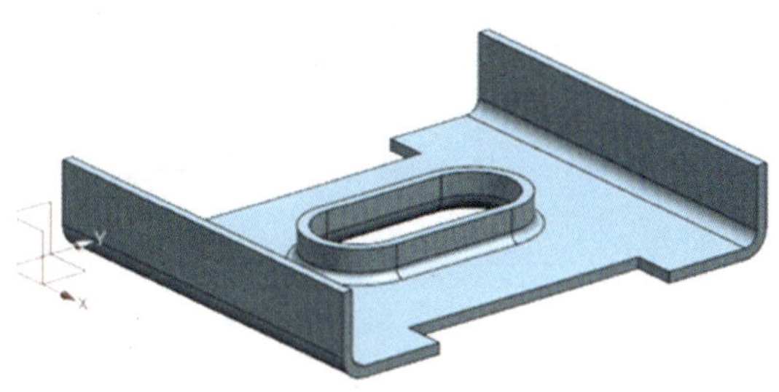

图 5-47　钣金件

设计步骤如下。

(1)创建钣金文件,设置钣金参数(厚度为 2.5)。

(2)点击"突出块"按钮 ,出现"突出块"对话框,如图 5-48 所示。

(3)点击绘制截面,在 XY 平面内做出如图 5-49 所示草图。

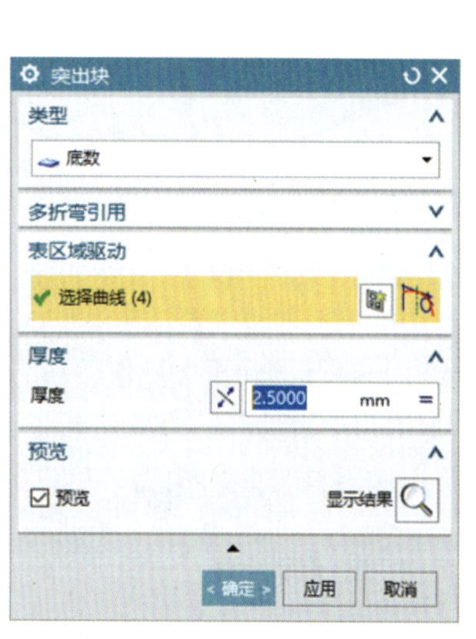

图 5-48　突出块

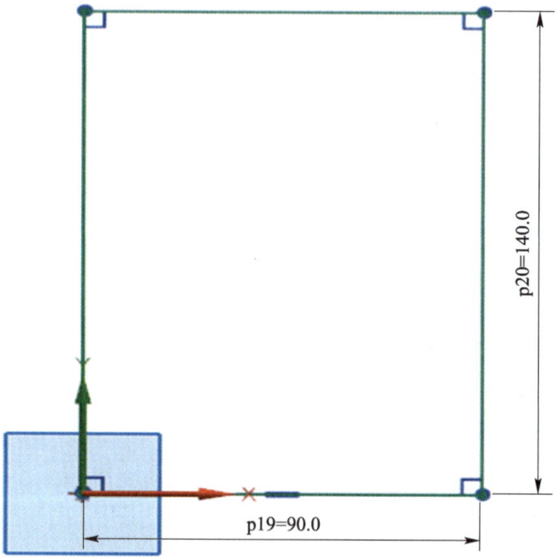

p20=140.0
p19=90.0

图 5-49　突出块草图

(4)生成突出块(长 90,宽 140),完成突出块设计,如图 5-50 所示。

(5)法向开孔(长 10,宽 60)。

点击"法向开孔"按钮 。

点击绘制截面,在突出块上表面做出如图 5-51 所示草图。

(6)完成方形槽设计,如图 5-52 所示。

(7)折弯。

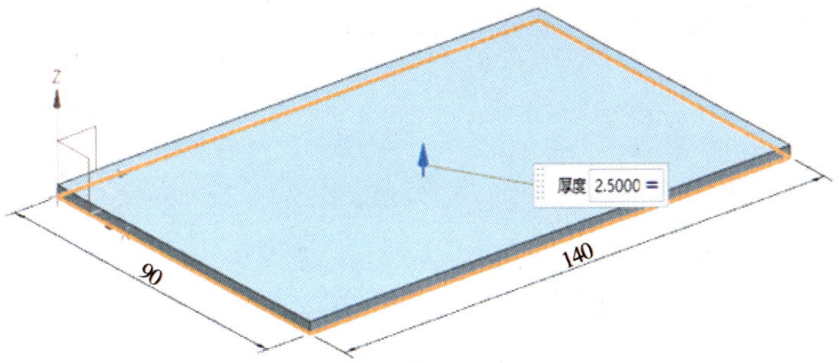

图 5-50　突出块

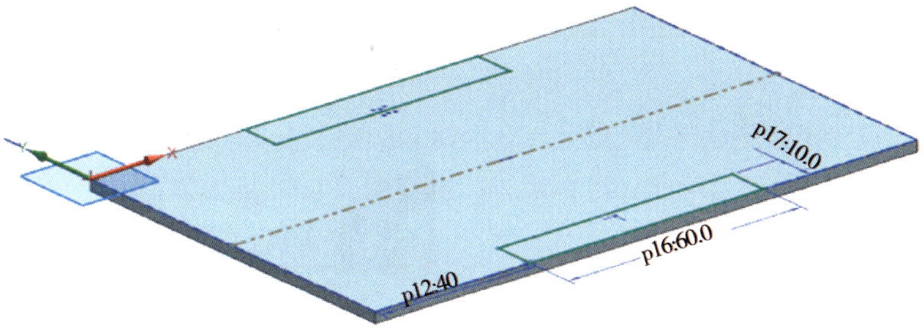

图 5-51　法向开孔截面草图

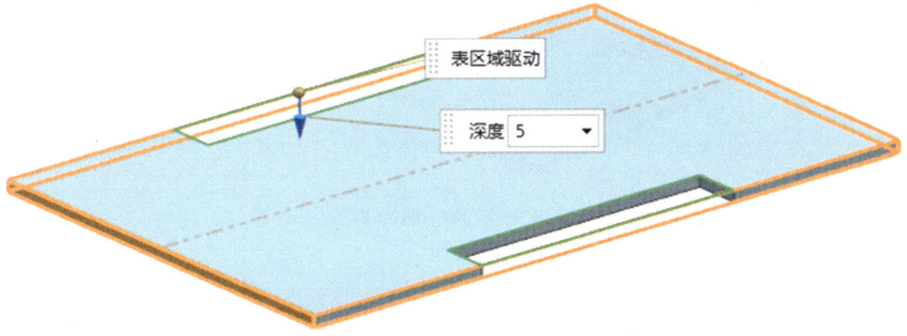

图 5-52　方形槽

点击“折弯”按钮，出现“折弯”对话框，点击绘制截面，在突出块上表面做出如图 5-53 所示草图。

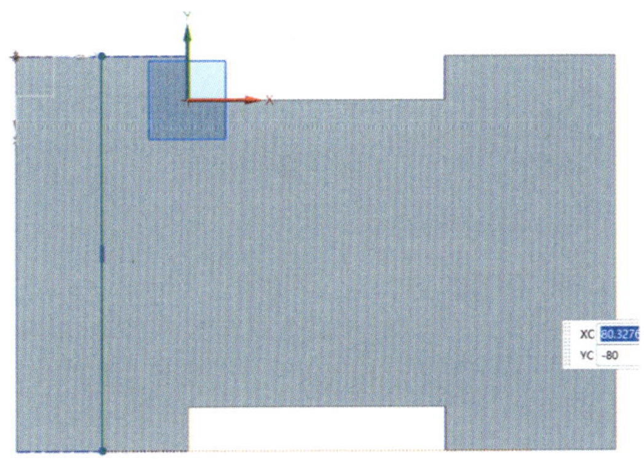

图 5-53　折弯截面

(8)选择直线为折弯线,完成一个折弯,如图 5-54 所示。

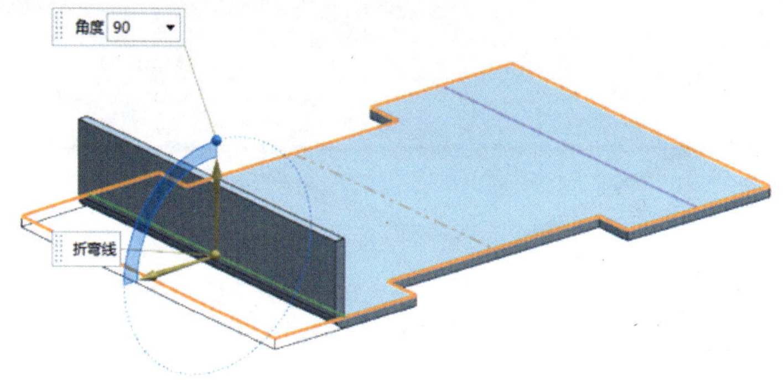

图 5-54 一侧折弯

(9)同理,完成另一侧折弯如图 5-55 所示。

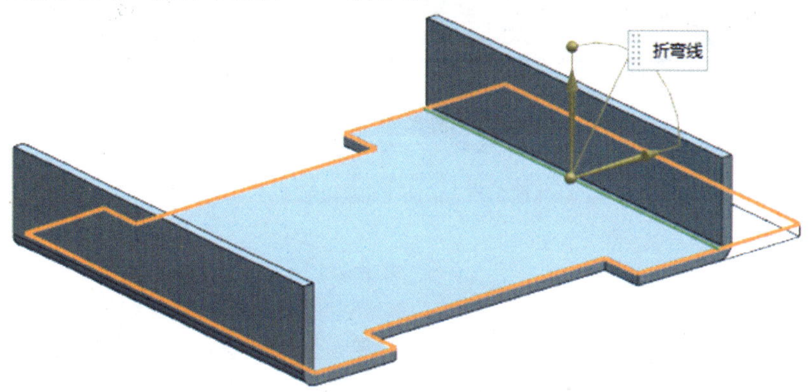

图 5-55 另一侧折弯

(10)冲压开孔。

点击"冲压开孔"按钮 ,出现"冲压开孔"对话框,如图 5-56 所示。

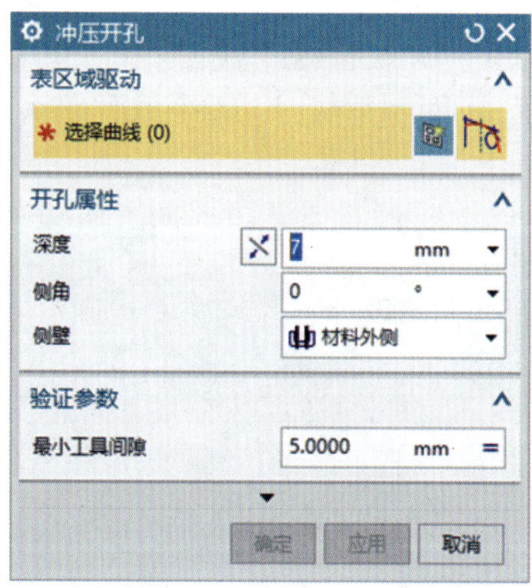

图 5-56 "冲压开口"对话框

(11)点击绘制截面,在突出块上表面做出如图 5-57 所示的草图。

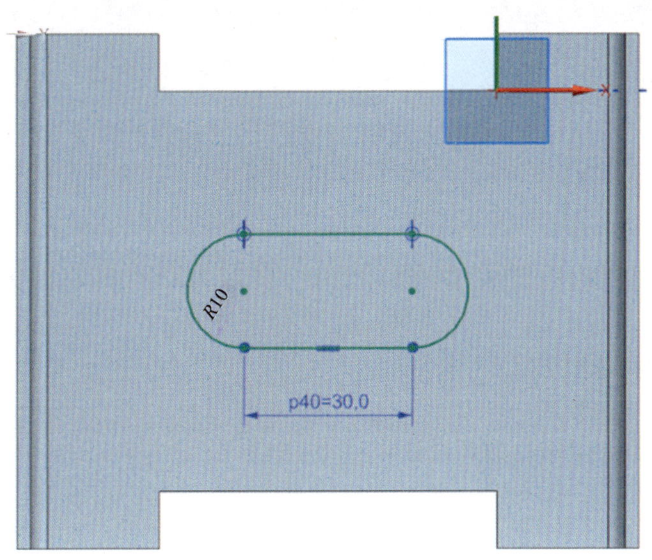

图 5-57　冲压开口草图

(12)完成钣金件的设计,如图 5-58 所示。

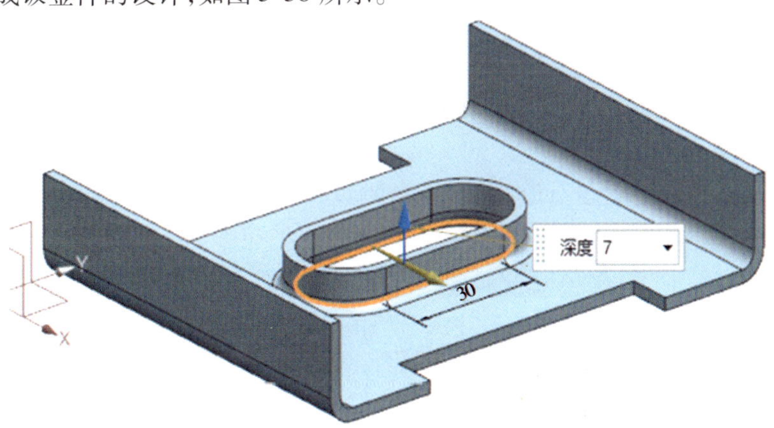

图 5-58　钣金件

第六章　曲　　面

1. 熟练使用曲面造型工具。
2. 掌握曲面编辑的方法。
3. 能够综合利用工具进行曲面设计。

第一节　曲面的创建

一、四点曲面

四点曲面是通过指定四个拐点来创建曲面。

命令的调用如下。

菜单:“菜单”→“插入”→“曲面”→“四点曲面(F)……”命令。

执行上述操作,出现“四点曲面”对话框,如图 6-1 所示。

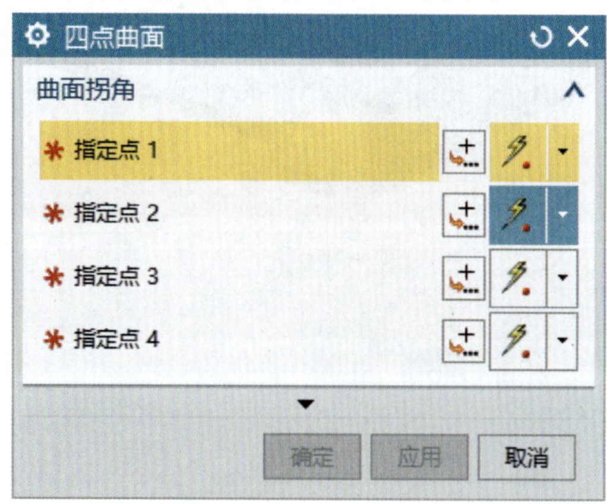

图 6-1　“四点曲面”对话框

指定四个点,完成“四点曲面”的创建,如图 6-2 所示。

二、通过点

通过点是指通过矩形阵列点来创建曲面。

命令的调用如下。

菜单:“菜单”→“插入”→“曲面”→“通过点(H)……”命令。

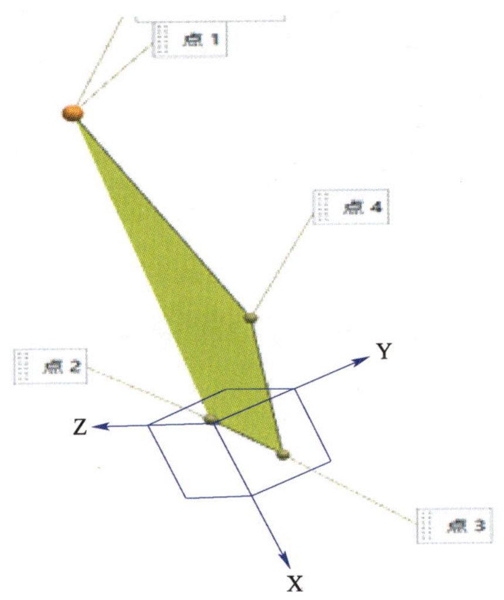

图 6-2　“四点曲面”示意图

执行上述操作,出现“通过点”对话框,如图 6-3 所示。

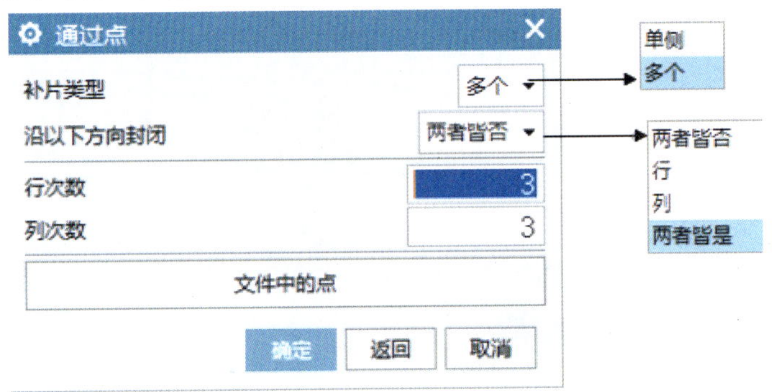

图 6-3　“通过点”对话框

点击“确定”,出现如图 6-4 所示对话框。

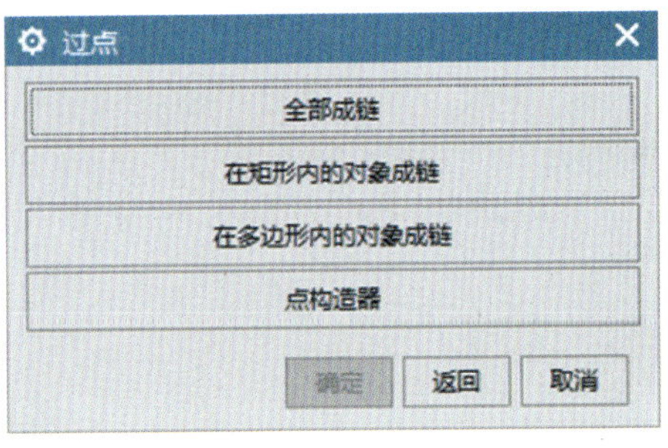

图 6-4　“过点”对话框

对话框中各按钮含义如下。

(1)全部成链:用于链接窗口中已存在的定义点,用来定义起点和终点,自动快速获取起点与终点之间链接的点。

(2)在矩形内的对象成链:单击该按钮,通过拖动鼠标形成矩形方框来选取所要定义的点。

(3)在多边形内的对象成链:单击该按钮,通过鼠标定义多边形框来选取定义点,多边形框内所包含的所有点将被链接。

(4)点构造器:单击该按钮,会弹出"点"对话框,通过"点"对话框来选取定义点的位置,需要用户逐点选取,所要选取的点都要单击到。每指定一列点后,系统都会弹出对话框,提示是否确定当前所定义的点。

点击"全部成链"将会出现如图 6-5 所示对话框。

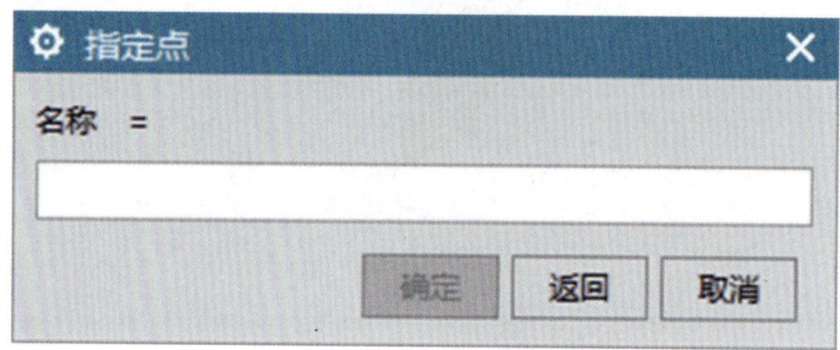

图 6-5 "指定点"对话框

指定点,生成曲面。

三、拟合曲面

拟合曲面是通过矩形阵列点来创建曲面。

命令的调用如下。

菜单:"菜单"→"插入"→"曲面"→"拟合曲面(C)……"命令。

执行上述操作,出现"拟合曲面"对话框,如图 6-6 所示。

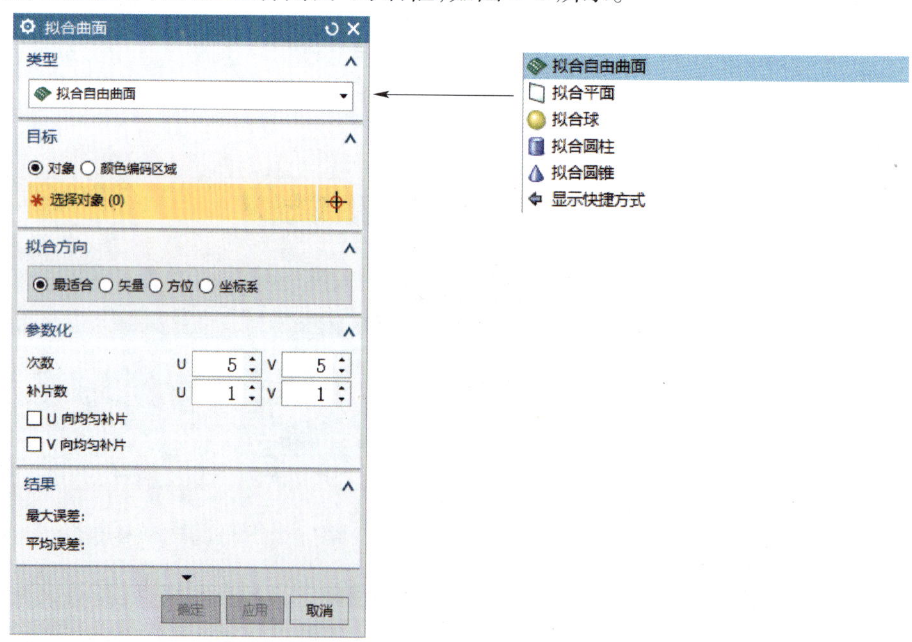

图 6-6 "拟合曲面"对话框

这种方法生成的曲面不如通过"点"生成的曲面更接近于原始点。

四、有界曲面

有界曲面是指创建一组端点相连的平面曲线封闭的平面片体。

命令的调用有如下两种。

(1)菜单:“菜单”→“插入”→“曲面”→“有界曲面(B)……”命令。

(2)功能区:主页“曲面”组里的“更多库”中的“有界曲面”。

执行上述操作,出现“有界曲面”对话框,如图6-7所示。

图6-7　“有界曲面”对话框

选择曲线,完成“有界曲面”的生成,如图6-8所示。

a)“有界曲面”前　　b)“有界曲面”后

图6-8　“有界曲面”示意图

五、创建拉伸和回转曲面

拉伸和回转曲面的创建,命令的调用方式及操作步骤相同,我们以拉伸为例,介绍它们的生成方法。

命令的调用有如下两种。

(1)菜单:“菜单”→“插入”→“设计特征”→“拉伸(X)……”命令。

(2)功能区:主页“特征”组里的“拉伸”。

执行上述操作,出现“拉伸”对话框,如图6-9所示。

对对话框进行设置,生成过程如图6-10所示。

旋转曲面的生成过程如图6-11所示。

六、扫掠曲面

扫掠曲面是指通过沿一条或多条引导线扫掠截面来创建体,并使用各种方法控制沿着引导线的形状。

命令的调用有如下两种。

(1)菜单:“菜单”→“插入”→“扫掠”→“扫掠(s)……”命令。

(2)功能区:主页“曲面”组里的“扫掠”。

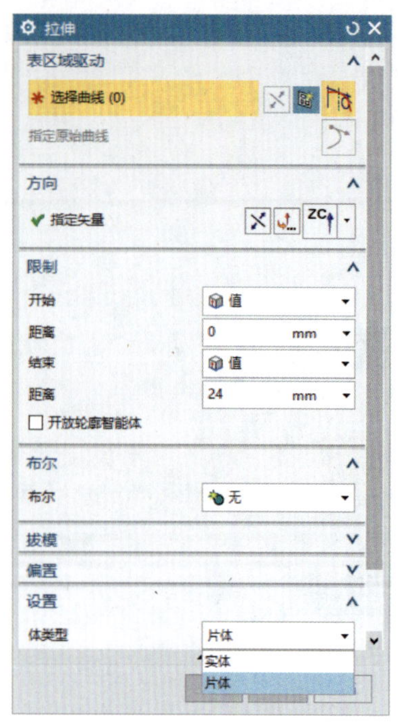

图 6-9 “拉伸”对话框

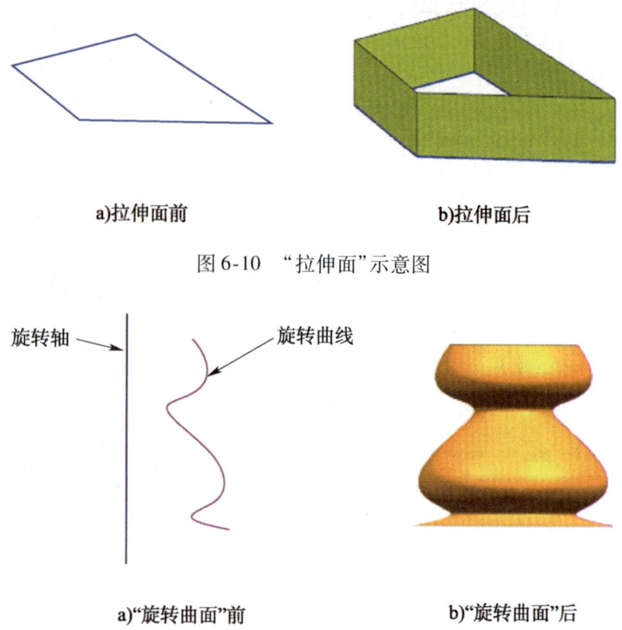

a)拉伸面前　　b)拉伸面后

图 6-10 “拉伸面”示意图

a)“旋转曲面”前　　b)“旋转曲面”后

图 6-11 “旋转曲面”示意图

执行上述操作，出现“扫掠”对话框，如图 6-12 所示。

“扫掠”过程如图 6-13 所示。

图 6-12 “扫掠”对话框

a)“扫掠曲面”前　　b)“扫掠曲面”后

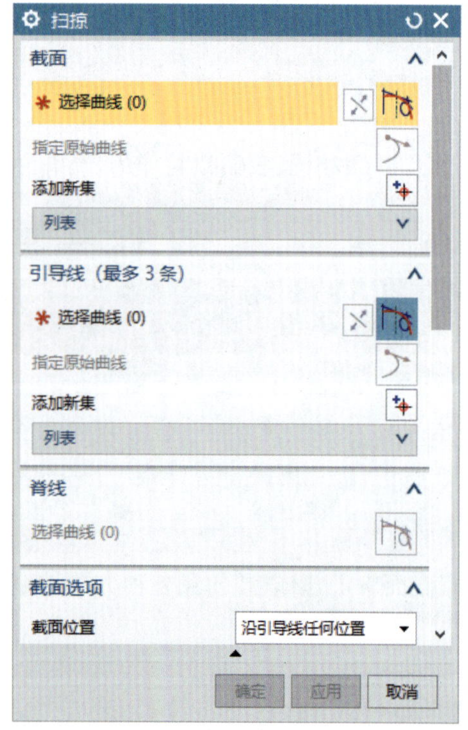

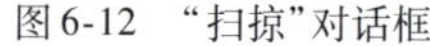

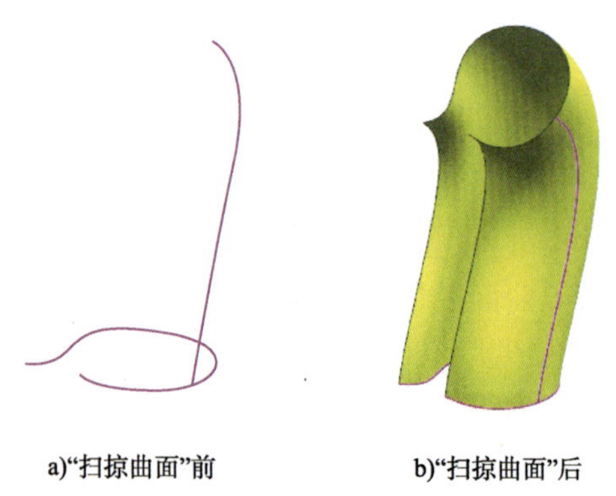

图 6-13 扫掠曲面

七、网格曲面

1. 通过曲线组

通过多个截面创建面,此时直纹形状改变以穿透各截面。

命令的调用如下。

菜单:“菜单”→“插入”→“网格曲面”→“通过曲线组(T)……”命令,出现如图 6-14 所示对话框。

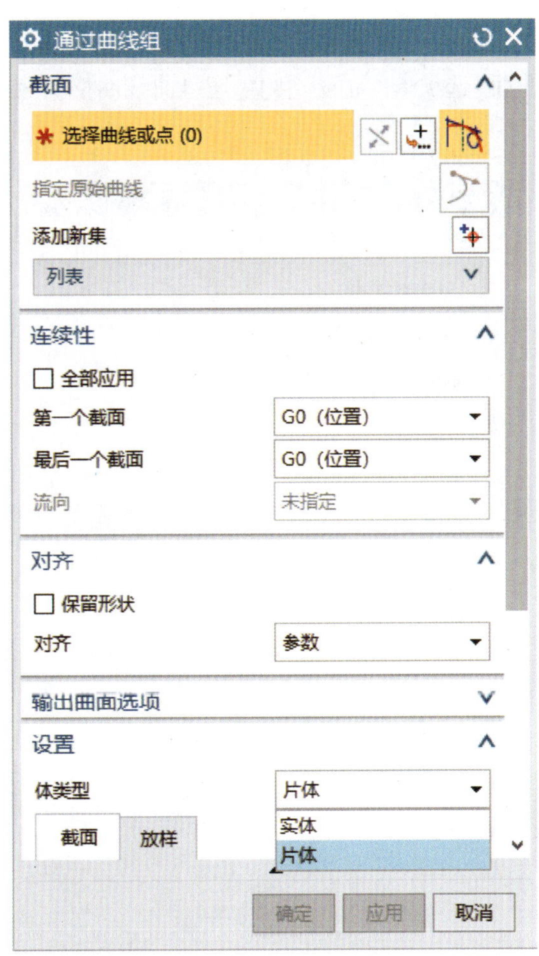

图 6-14　“通过曲线组”示意图

具体生成过程如图 6-15 所示。

2. 通过曲线网格

通过一个方向的截面网格和另一方向的引导线创建面,此时直纹形状匹配曲线网格。

命令的调用有如下两种。

(1)菜单:“菜单”→“插入”→“网格曲面”→“通过曲线网格(M)……”

图 6-15 “通过曲线组”示意图

(2)功能区:单击“曲面”选项卡“曲面”组中“通过曲线网格”按钮。出现“曲线网格”对话框,如图 6-16 所示。

图 6-16 “曲线网格”对话框

选择截面网格和引导线,创建曲线网格,如图 6-17 所示。

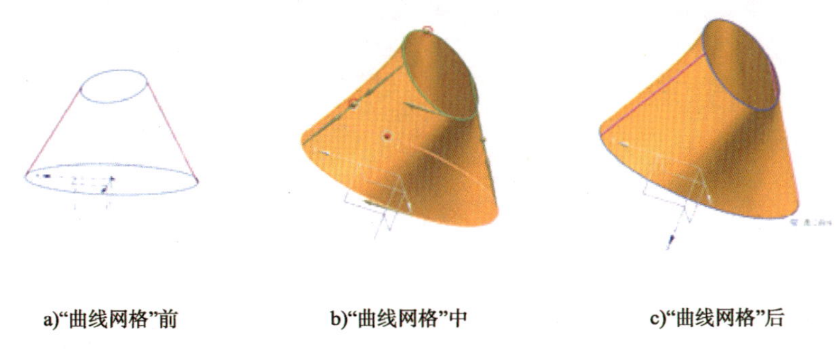

图 6-17　"曲线网格"创建示意图

八、幸福小创意

随着时代的发展,节能灯已经替代了白炽灯,成为市场的主流产品。而伴随着科学的进步,LED 灯具也必将淘汰节能灯。面对种类繁多、形式各异的照明灯具(图 6-18),请同学们结合实际生活,利用软件强大的曲面功能,设计自己觉得美观的产品。

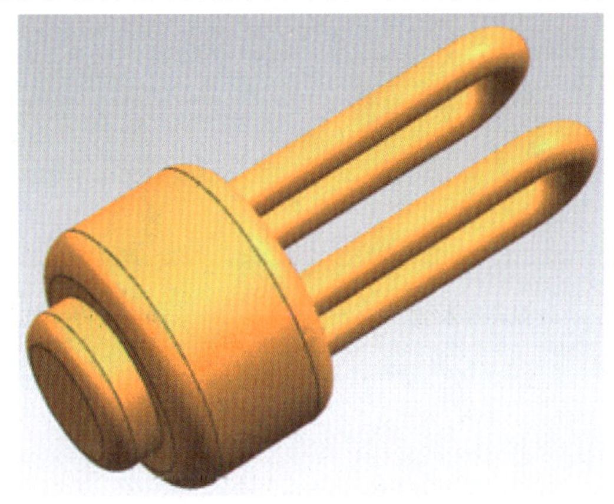

图 6-18　节能灯

第二节　曲面操作

一、延伸

延伸是指通过一个方向的截面网格和另一方向的引导线创建面,此时直纹形状匹配曲线网格。

命令的调用如下。

功能区:单击"曲面"选项卡"曲面"组中"更多库"中的"延伸片体"按钮 ,系统弹出"延伸片体"对话框,如图 6-19 所示。

选择延伸边,则可以完成"延伸片体"操作,如图 6-20 所示。

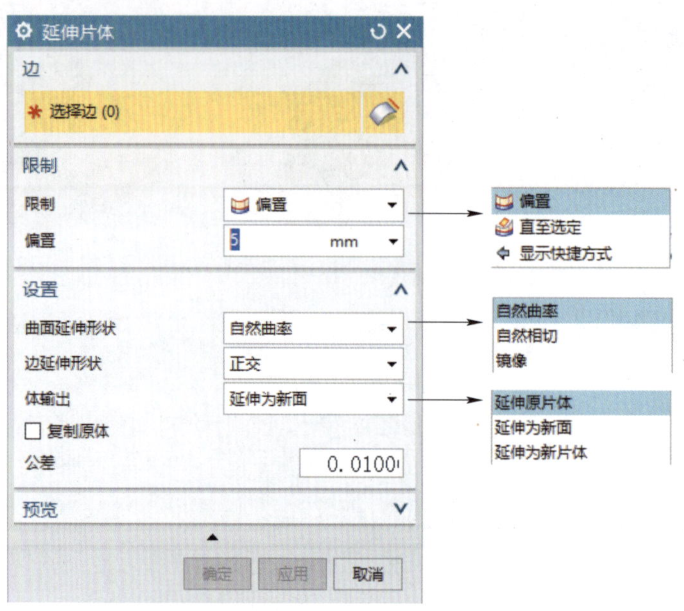

图 6-19 “延伸片体”对话框

延伸边

a)“延伸片体”前　　b)“延伸片体”后

图 6-20 延伸片体

二、修剪片体

修剪片体命令的调用有如下两种。

(1)菜单:“菜单”→“插入”→“修剪”→“修剪片体(R)……”

(2)功能区:单击“曲面”选项卡“曲面”组中“更多库”的“修剪片体”按钮,系统弹出“延伸片体”对话框,如图 6-21 所示。

具体操作如图 6-22 所示。

三、加厚曲面

加厚曲面命令的调用如下。

功能区:单击“曲面”选项卡“曲面”组中“更多库”的“加厚”按钮 加厚 ,系统弹出“加厚”对话框,如图 6-23 所示。

具体操作如图 6-24 所示。

四、偏置曲面

偏置曲面命令的调用如下。

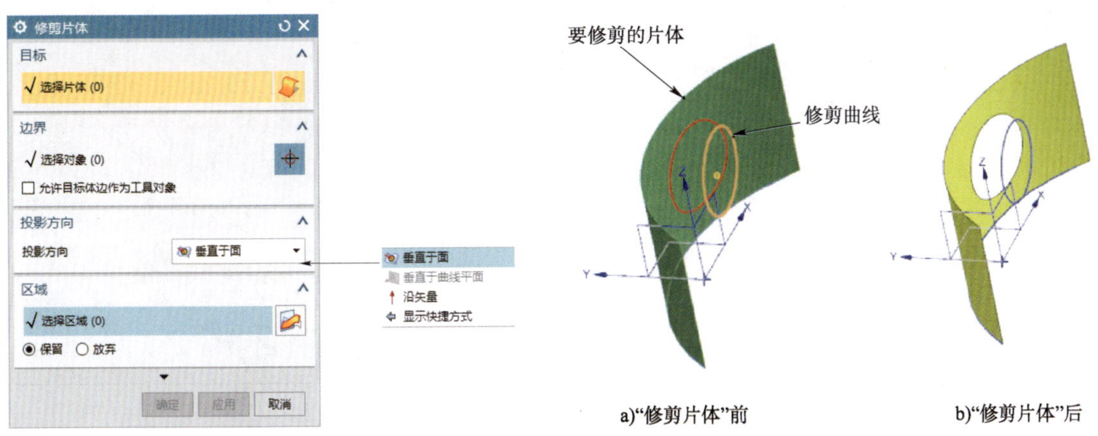

a)“修剪片体”前　　b)“修剪片体”后

图 6-21　“修剪片体”对话框

图 6-22　修剪片体

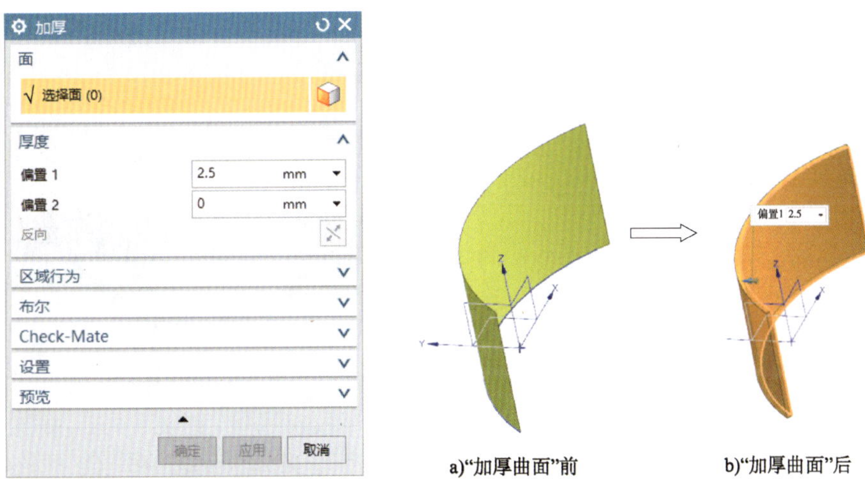

a)“加厚曲面”前　　b)“加厚曲面”后

图 6-23　“加厚”对话框

图 6-24　加厚曲面

功能区：单击“曲面”选项卡“曲面”组中“更多库”的“偏置曲面”按钮，系统弹出“偏置曲面”对话框，如图 6-25 所示。

具体操作如图 6-26 所示。

五、缝合曲面

缝合曲面命令的调用如下。

菜单：“菜单”→“插入”→“组合”→“缝合(W)……”系统弹出“缝合”对话框，如图 6-27 所示。

具体操作如图 6-28 所示。

六、幸福创意

同学们的学习兴趣浓厚，请尝试一下自己设计产品，进行咖啡壶(图 6-29)的设计，尺寸大小不限，但需要保证产品的美观，制造时要保证可操作性强。相信同学们拿到自己设计的产品，一定会收获满满的幸福。

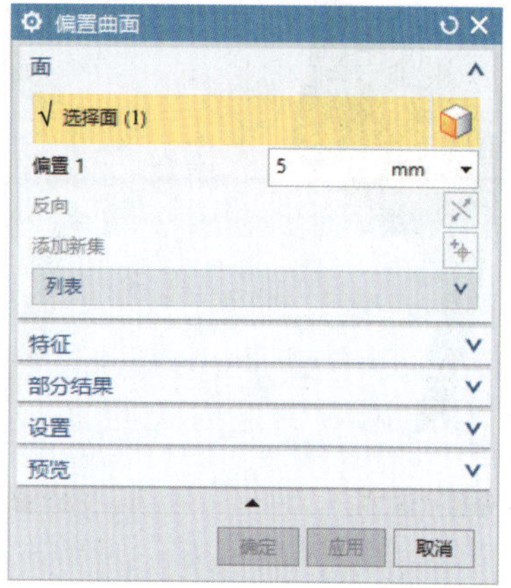

图 6-25 “偏置曲面”对话框

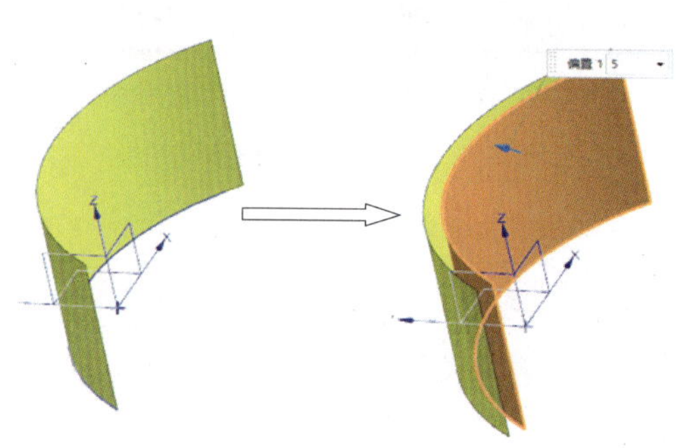

图 6-26 偏置曲面

图 6-27 “缝合”对话框

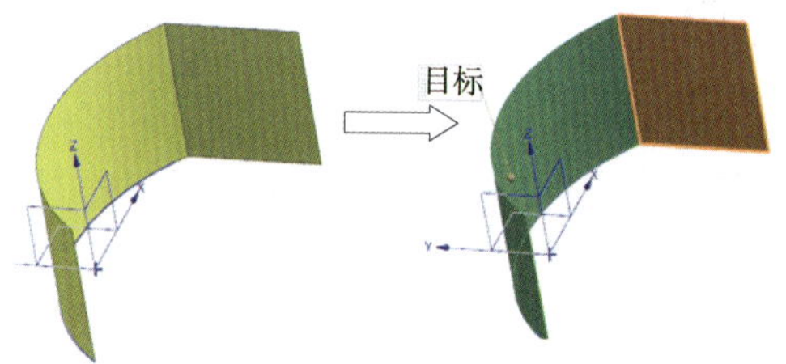

图 6-28 缝合

图 6-29 咖啡壶

第七章　部件装配设计

1. 熟悉装配工具的使用。
2. 能运用装配工具熟练组装零部件。
3. 能按教师要求完成装配设计。
4. 能灵活应用装配方法完成装配设计。

第一节　装配工作区环境

一、进入装配环境

（1）选择“菜单”→“文件”→“新建”命令或单击“快速访问”工具栏中的“新建”按钮，系统弹出如图 7-1 所示的“新建”对话框。

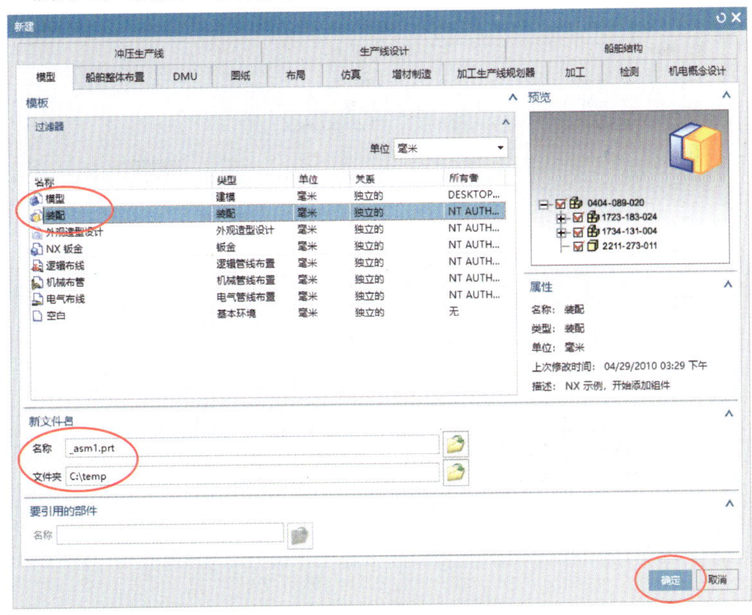

图 7-1　“新建”对话框

（2）选择“装配”模板，定义文件的保存位置，然后单击“确定”按钮，界面弹出“添加组件”对话框，如图 7-2 所示。

图 7-2 “添加组件”对话框

(3)在对话框内单机“打开”按钮,选取要参与的装配零件,可单个选取,也可以按住 Ctrl 键多选(图 7-3),然后点击“OK”按钮将零部件导入装配环境,如图 7-4 所示。

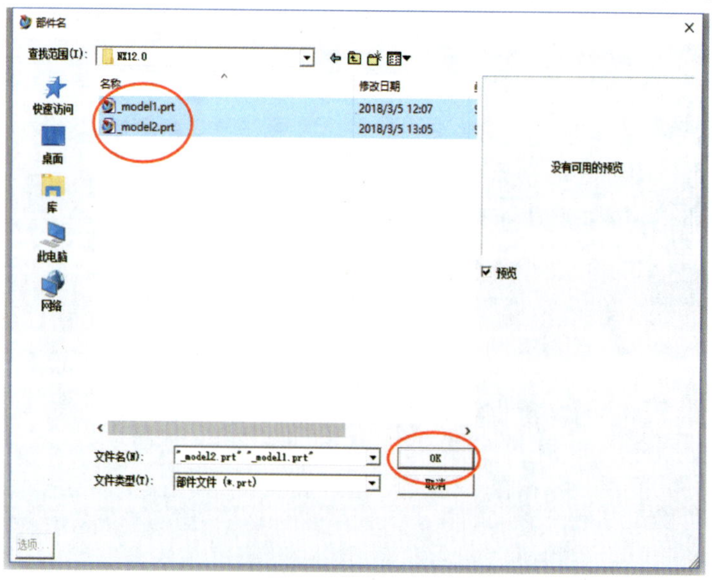

图 7-3 零部件选择示意图

二、装配导航器与约束导航器

为方便用户管理装配组件,UG NX 12.0 提供了独立形式的装配导航器以及约束导

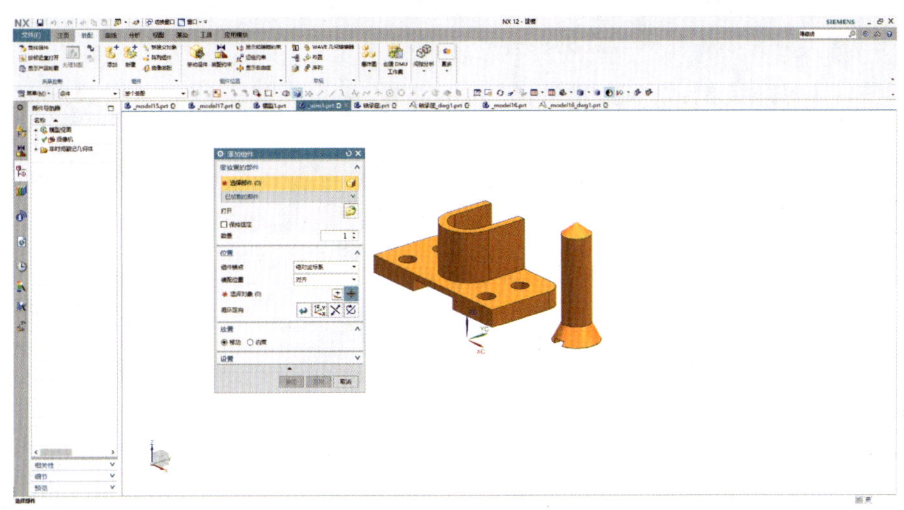

图 7-4 装配环境界面

航器。

1. 装配导航器

装配导航器窗口以树状图形式显示装配结构，用户可以执行改变显示部件、隐藏组件、删除组件和编辑装配配对关系等操作。在装配导航器窗口中，第一栏第一个节点表示基本装配部件，其下方的每一个节点均表示装配中的一个组件部件，显示的信息主要有：描述部件文件名称、文件属性（如只读属性）、状态、位置、数量和引用集名称等；第二栏为预览窗口，显示当前装配体的图形；第三栏为依附性列表，显示装配体中各组件部件之间的依附关系。

在装配导航器中，为了识别各个节点、子装配和部件，分别使用不同的图标来区分表示。

(1) ：由三块矩形体堆砌而成，表示 个装配或子装配。

(2) ：图标显示为黄色，该装配或子装配为工作部件。

(3) ：图标显示为灰色，且边框为实线，该装配或子装配为非工作部件。

(4) ：图标全部是灰色，且边框为虚线，该装配或子装配被关闭。

(5) ：由单个矩形体堆砌而成，表示一个组件。

(6) ：图标显示为黄色，该组件为工作部件。

(7) ：图标显示为灰色，且边框为实线，该组件为非工作部件。

(8) ：图标全部是灰色，且边框为虚线，该组件被关闭。

(9) − 或 + :表示装配树节点的展开和压缩。

①单击 + :展开装配或子装配树,以列出装配或子装配的所有组件,同时加号变减号。

②单击 - :压缩装配或子装配树,即把装配或子装配树压缩成一个节点,同时减号变加号。

(10) ☑、☑或☐:表示装配或组件的显示状态。

①☑ :当前部件或装配处于显示状态。

②☑:当前部件或装配处于隐藏状态。

③☐:当前部件或装配处于关闭状态。

2. 约束导航器

约束导航器上会将装配时所用到的约束全部显示出来,以供用户观察、操作、修改。当装配过程中出现过约束或约束错误时,约束导航器中会显示出错误约束信息。在约束导航器中用户可以将那些有问题的约束进行编辑或删除,如图 7-5 和图 7-6 所示。

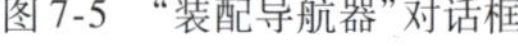
图 7-5 "装配导航器"对话框

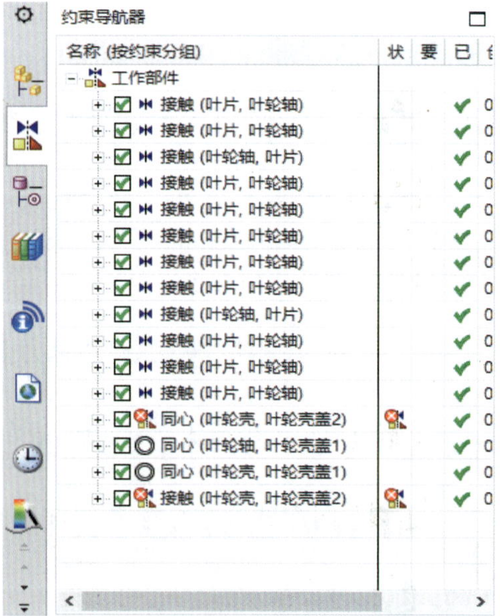

图 7-6 "约束导航器"对话框

第二节　装配方式和方法

一、装配方式

装配是在零部件之间创建联系。装配部件与零部件的关系可以是引用，也可以是复制。因此，装配方式包括多零件装配和虚拟装配两种方式。

(1)多零件装配方式：是在装配过程中先把要装配的零部件复制到装配文件中，然后在装配文件环境下进行相关操作。这种方式运行时占用内存较大，所以速度较慢，因此不建议使用此种装配方式。

(2)虚拟装配方式：该方式不需要生成实体模型的装配文件，它只引用各子零件模型，占用内存小、运行速度快、存储数据快。UG NX 12.0 采用的就是此种装配方式，也是大多数 CAD 软件所采用的装配方式。

二、装配方法

UG NX 12.0 的装配方法主要是自底向上装配设计、自顶向下装配设计和两者混合装配设计。

1. 自底向上装配设计

自底向上装配设计是先创建装配体的零部件，然后把它们以组件的形式添加到装配文件中，再把各子装配件或部件装配更高级的装配部件，直到完成装配任务为止。这种方法要求在进行装配设计前必须完成零部件的设计。如图 7-7 所示为添加组件的过程：在菜单栏中选择“装配”→“组件”→“添加现有的组件”命令，打开“选择部件”对话框进行添加。

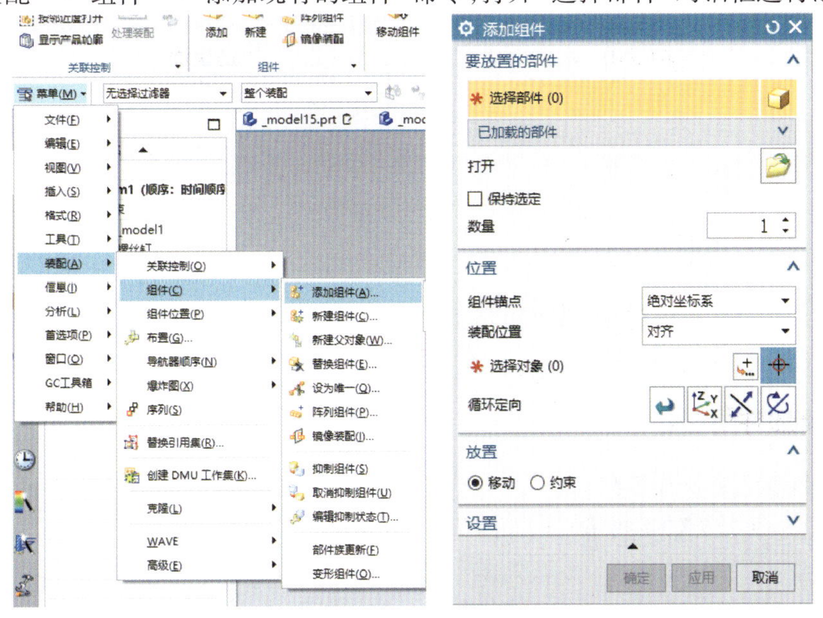

图 7-7　添加装配部件

添加组件定位的过程中应注意以下两点：

(1)配对条件不能循环创建，如进行组件1—组件2—组件1配对是错误的。

(2)在组件配对时，作为参考的原有组件位置不交，被添加的组件按配对约束移动到约束位置。

2. 自顶向下装配设计

自顶向下装配设计主要用于装配部件的上下文中设计。自顶向下装配设计包括两种设计的方法。

(1)在装配中先创建几何模型，再创建新组件，并把几何模型加到新组件中。

(2)在装配中创建空的新组件，并使其成为工作部件，再按上下文中的设计方法在其中创建几何模型。

如图7-8所示为两种设计方法的示意图。

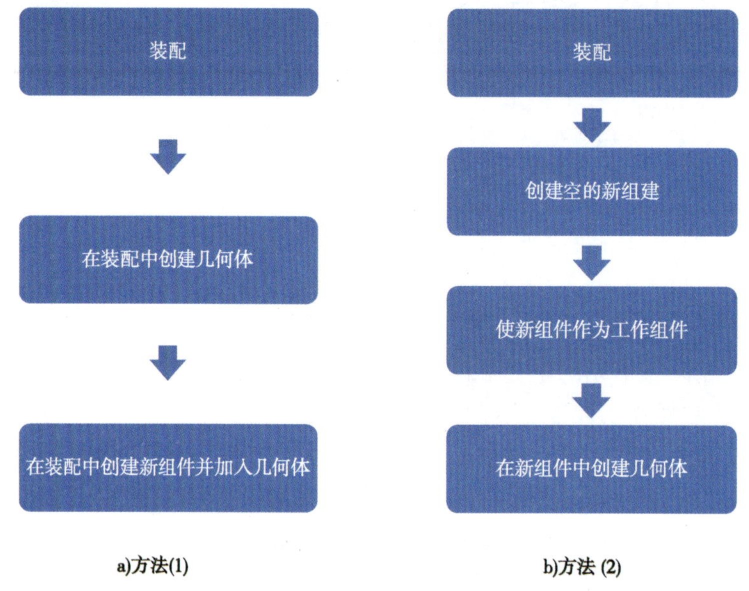

图7-8　设计方法示意图

第三节　建立装配对象

此部分为实体装配的过程，具体包括部件的引入，引入部件时坐标系的引入与选择，各个引入的装配部件间关系与约束。

一、装配部件引入

装配部件引入的操作步骤如下。

(1)创建一个长方体部件 prt. 1，如图7-9所示。

(2)创建一个圆柱体部件 prt. 2，如图7-10所示。

(3)在长方体部件中，点击“装配”命令进入装配界面，如图7-11所示。

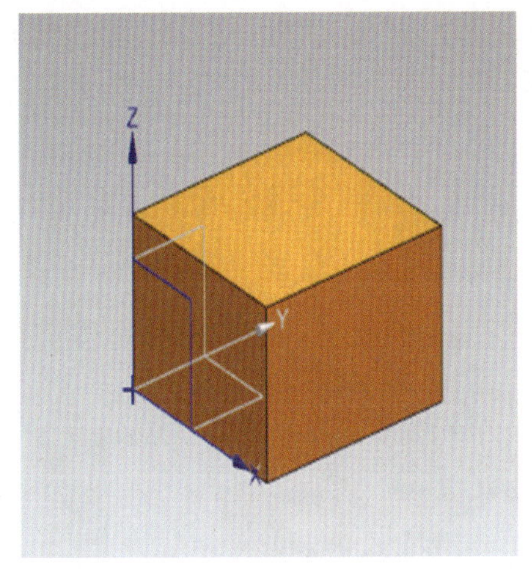

图 7-9　长方体部件

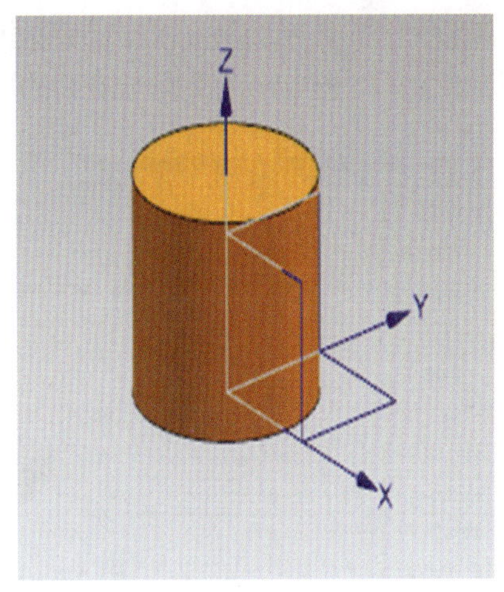

图 7-10　圆柱体部件

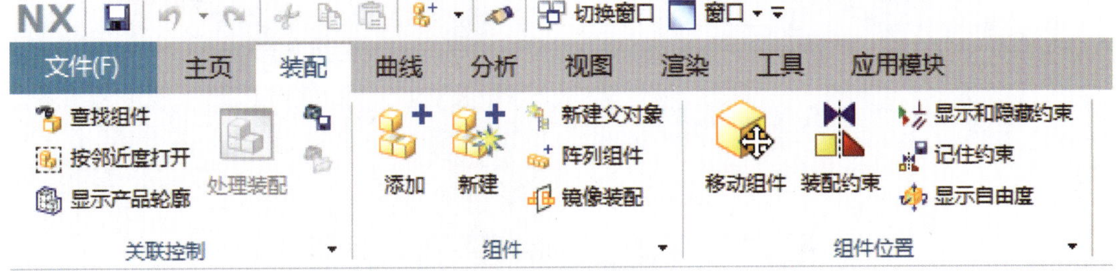

图 7-11　“装配界面”工具条

(4)添加组件,点击“添加”命令,弹出“添加组件”对话框,点击打开选择所需添加的部件,可以在数量中选择添加个数,可以在位置中选择坐标系来确定引入组件放置的位置。可以在放置中选择移动,通过移动确定组件放置位置;也可以在放置中选择约束,通过约束来确定组件放置位置,位置选好后单击应用键,确认键,完成部件引入,如图 7-12 和图 7-13 所示。

图 7-12　“添加组件”对话框

二、创建装配组件

创建装配组件的操作步骤如下。

(1)在上例创建的装配体中,点击“装配”→“新建” 命令,弹出“新组件文件”对话框,选择名称以及存储路径,点击“确定”弹出“新建组件”对话框,点击“确定”生成新组件,如图 7-14 所示。

(2)在左侧的“装配导航器”中点击新生成组件,即可对新组件进行编辑。

三、添加装配约束

添加或创建组件到装配体后,还需要确定各组件间的装配关系,以确定组件的装配位置。点击“装配约束”命令,弹出“装配约束”对话框,如图 7-15 所示,其中提供了 11 种确定组件装配关系的方法。

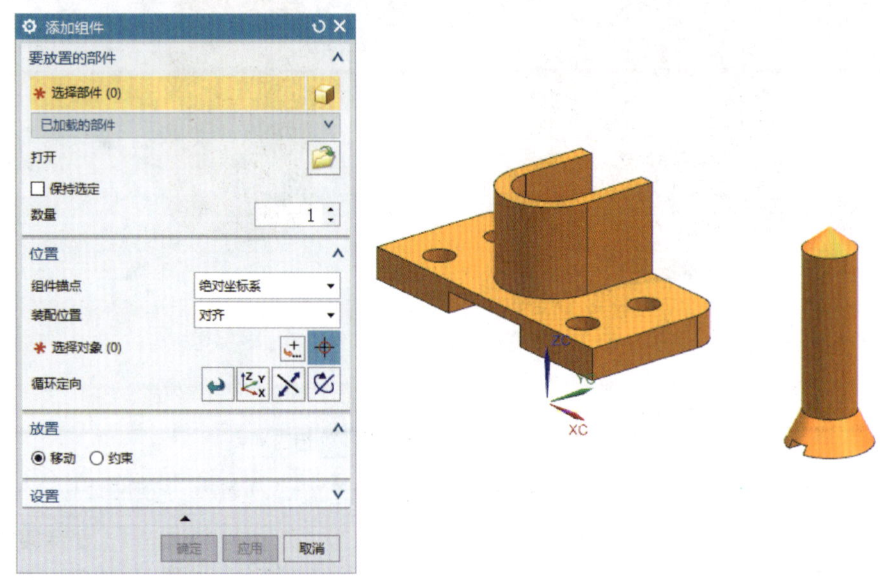

图 7-13　添加组件示意图

图 7-14　“新建组件”对话框

1. 接触对齐

(1)对于两个平面对象,接触对齐方式意味着配对对象共面且发现方向相反。

(2)对于两个圆柱表面,接触对齐方式意味着两个表面重合,且轴线一致。

(3)对于两个直线或边界线,接触对齐意味着两个对象完全重合。

2. 同心

同心是约束两条圆边或椭圆边以使中心重合并使边的平面共面。

3. 距离

距离是指定所选两个配对对象之间的 3D 距离。

4. 固定

固定是将对象固定在指定位置。

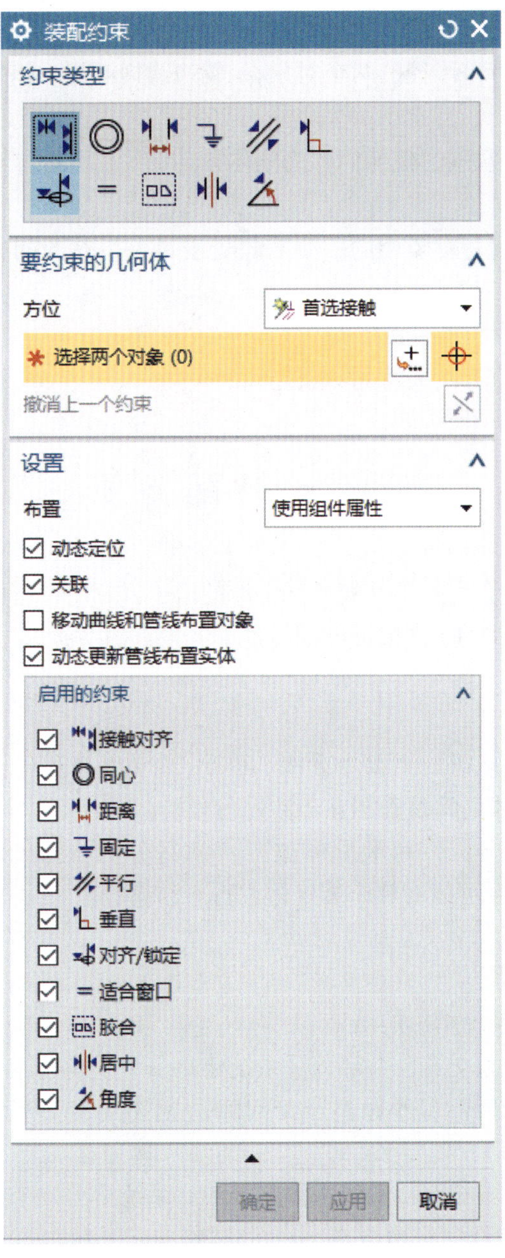

图 7-15　“装配约束”对话框

5. 平行

平行是使所选两个配对对象的方向矢量相互平行。

6. 垂直

垂直是使所选两个配对对象的方向矢量相互垂直。

7. 对齐

对齐是指对齐不同对象中的两个轴,同时防止绕公共轴旋转。

8. 适合窗口

适合窗口是约束具有等半径的两个对象,如圆边或椭圆边,或者圆柱面或球面。

9. 胶合

胶合是将对象约束到一起,使他们作为刚体移动。

10. 中心

中心是使所选两个配对对象中的一个对象处于另一个对象的中心,或使两个对象处于另外两个对象中心。

11. 角度

角度是定义两个具有方向矢量的对象之间的夹角大小。

第四节　装配分析

在装配过程中,有时会发生组件间相互干涉的情况,因此发现问题并解决问题对减少相应的损失至关重要,UG NX 12.0 就提供了两种干涉检查的功能。

一、对象干涉检查

(1)点击“菜单”→“分析”→“简单干涉”,弹出“简单干涉”对话框,如图 7-16 所示。采用此命令可以对两个个体之间是否相互干涉进行分析。

(2)点击“菜单”→“分析”→“装配间隙”→“执行分析”,弹出“间隙分析”对话框,如图 7-17所示。采用此命令可以对整个装配体进行干涉检查。

二、干涉的类型

以下几种是检测时系统给出的结果。

硬干涉:指两个对象相交有公共部分。系统建立一个干涉实体。

软干涉:指两个对象间的最小距离小于间隙,但不接触。系统建立表示最小距离的一条线。

接触干涉:指两个对象相互接触但是没有干涉。系统给出一个表示接触干涉的点。

包容干涉:指一个对象完全包含在另一个对象内。系统建立表示干涉被包容实体的复制。

不干涉:指两个对象间距离大于间隙距离。

图 7-16　“简单干涉”对话框

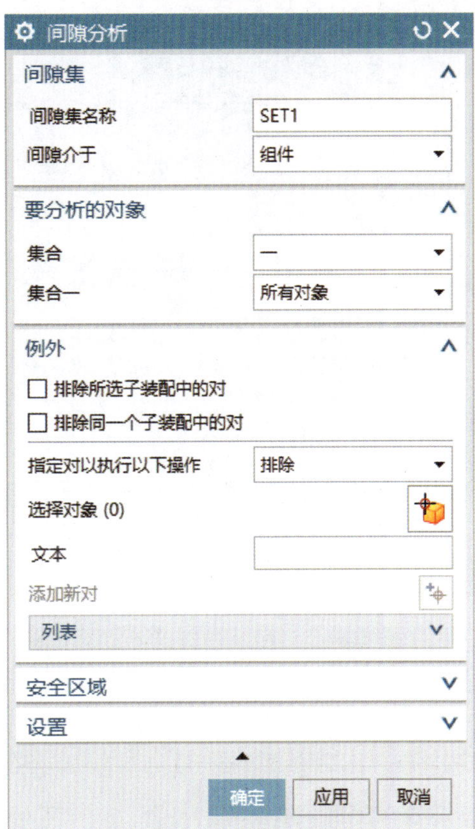

图 7-17　“间隙分析”对话框

第五节　综合实例

以叶轮的装配作为综合实例，介绍部件装配设计。

一、创建装配文件

创建装配文件的操作步骤如下：

选择“菜单”→“文件”→“新建”命令或单击“快速访问”工具栏中的“新建”按钮，弹出“新建”对话框，如图 7-18 所示。在“模板”选项组中选择“装配”，在“名称”文本框中输入“叶轮装配”，单击“确定”按钮，进入装配环境。

二、创建装配

1. 添加组件

(1) 导入叶轮轴。

系统自动弹出“添加组件”对话框。单击“打开”按钮，弹出“部件名”对话框，根据部件的存放路径选择部件“叶轮轴”，单击 OK 打开，如图 7-19 所示。

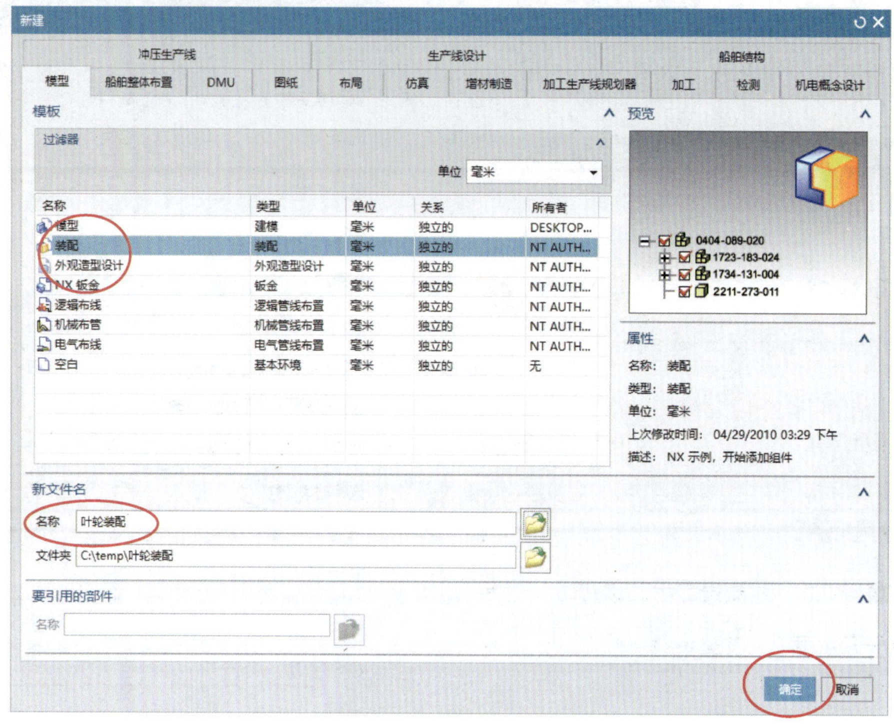

图 7-18 “新建”对话框

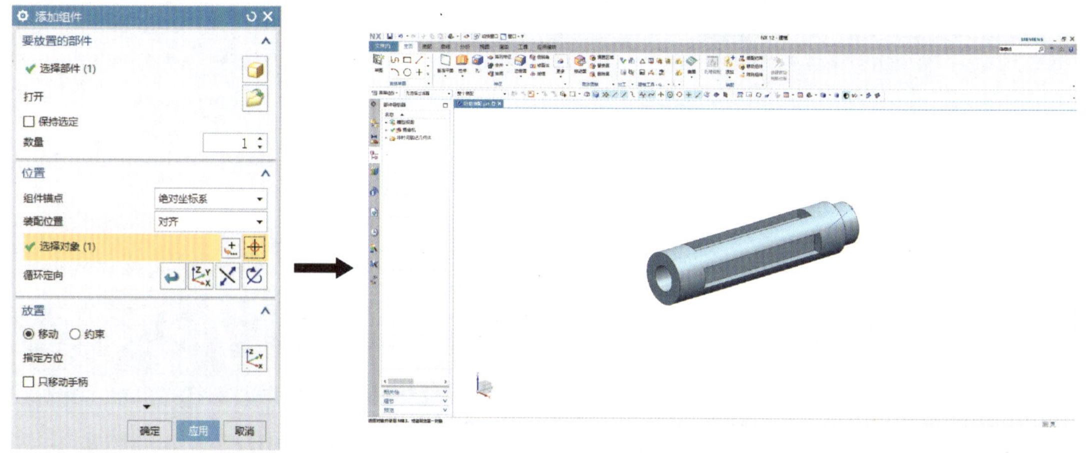

图 7-19 “叶轮轴”导入窗口

(2)导入叶轮轴的四个叶片。

点击“装配”→“添加”，弹出“添加组件”对话框，修改叶片个数为四个，点击屏幕工作区任意位置为原点，点击“应用”→“确定”，将四个叶片引入部件中。

2. 调整组件位置

用鼠标将四个叶片调至便于装配的地方。点击“移动组件”弹出“移动组件”对话框，点击“选择组件”并确定方位。此时，点击叶片上的坐标系—坐标轴，拖动鼠标进行叶片位置调整(点击坐标轴间的弧线拖动可使叶片零件进行定轴转动)，如图 7-20 所示。

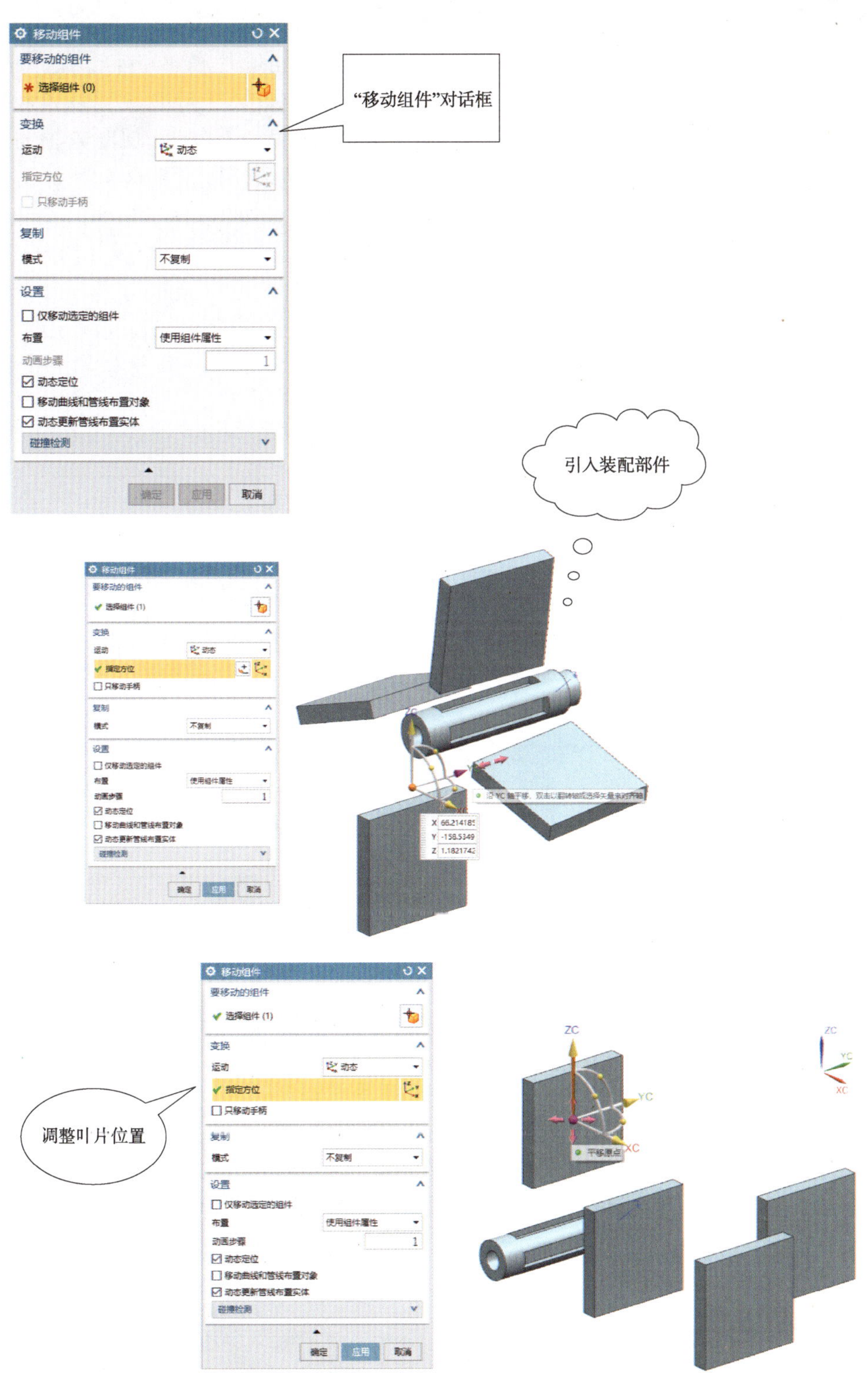

图 7-20　叶轮轴叶片导入过程

3. 叶片的装配

点击“装配约束”，选择约束条件——“接触对齐”，并点击叶片底面和叶轮轴上凹槽的底面，使叶片底面与叶轮轴底面相接触。点击“接触对齐”，并点击叶片侧面以及叶轮轴凹槽侧面使其相接触，继续点击接触“对齐”命令，并点击另一对侧面，使叶轮轴与叶片另一侧面相接触。至此，这一叶片与叶轮轴间自由度完全限制，完成这一叶片的装配（装配时约束方法不唯一，只要能达到约束的目的就可以。如本例中的叶片，约束采用两平面间距离为零依然可以达到约束的目的）。重复以上步骤，将其余三个叶片约束装配完毕，如图 7-21 所示。

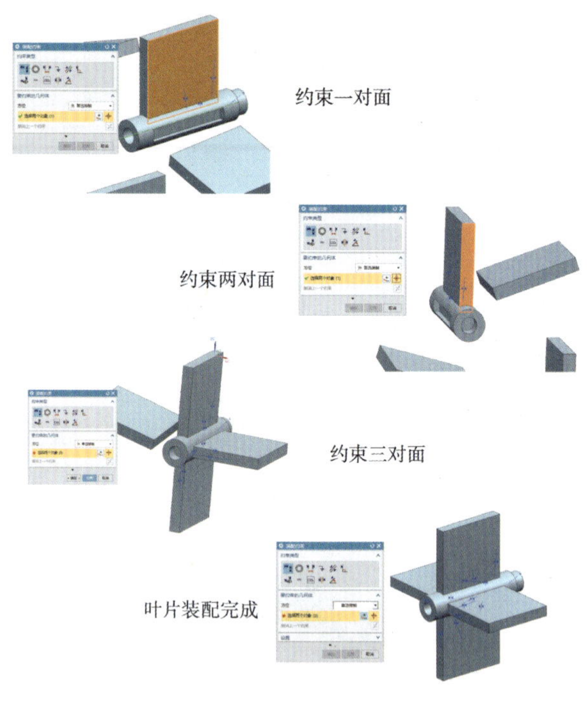

图 7-21　叶片安装过程

4. 叶轮外壳的导入

点击“添加”，弹出“添加组件”对话框，找到叶轮外壳与端盖导入。点击“装配约束”，弹出“装配约束”对话框，点击“同心”并点击端盖的面外圆与叶轮外壳的侧面外圆，进行“同心”约束，此时两面同心且接触。对于绕中心轴旋转的自由度可以通过加工螺丝孔来限制（此处未限制绕中心轴的自由度）。通过端盖柱形口于叶轮轴上凸台的“同心”限制来达到约束的目的。

5. 端盖的装配

点击“装配约束”，弹出“装配约束”对话框，点击“同心”并点击端盖的面外圆与叶轮外壳的侧面外圆进行同心约束，完成端盖的装配如图 7-22 所示。

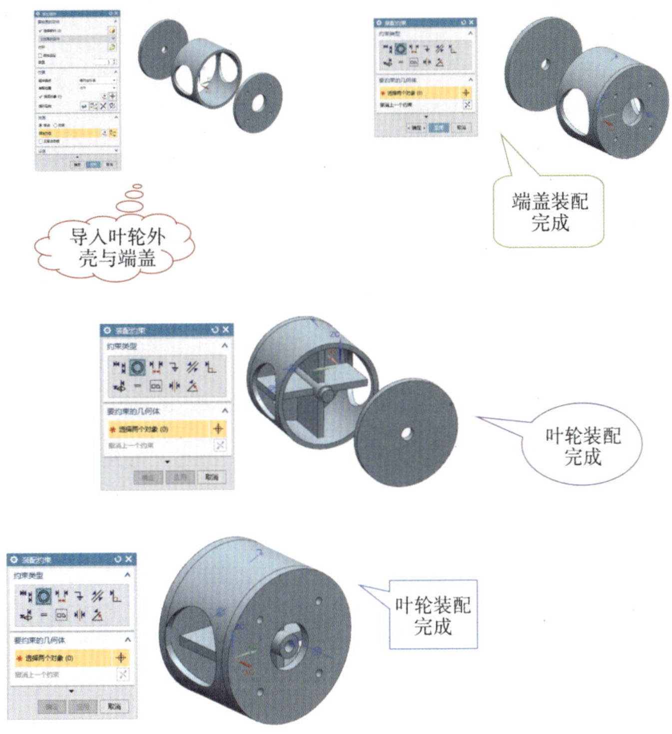

图 7-22　“叶轮”装配过程

第六节　幸福创意

我们每天大量的学习任务都离不开“笔”，使用自己设计的笔去学习，应该会很有成就感。那么请同学们发挥自己的想象力，设计笔身和笔帽等零部件（图 7-23），然后将它们组装到一起。

图 7-23　笔

第八章　创建工程图

1. 熟悉工程图工具的使用。
2. 能按教师要求完成工程图设计。
3. 能运用工程图约束和标注工具制作零件工程图。

工程图是工程界用来准确表达物体形状、大小和有关技术要求的技术文件，与文字、数字一样是表达设计意图、记录创新构思灵感、交流技术思想的重要工具之一。

第一节　工程图环境

一、新建工程图

新建工程图的步骤如下。

（1）菜单："文件"→"新建"→"图纸"，则出现"新建"对话框，如图 8-1 所示。

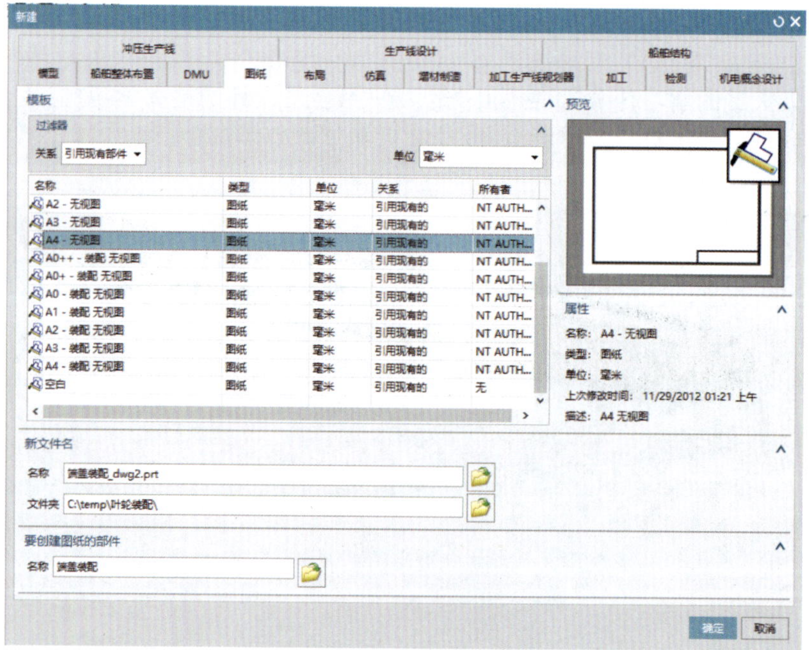

图 8-1　图纸"新建"对话框

（2）在对话框中选择“图纸”，输入文件名和保存路径，单击“确定”，进入工程图设计环境，如图8-2所示。

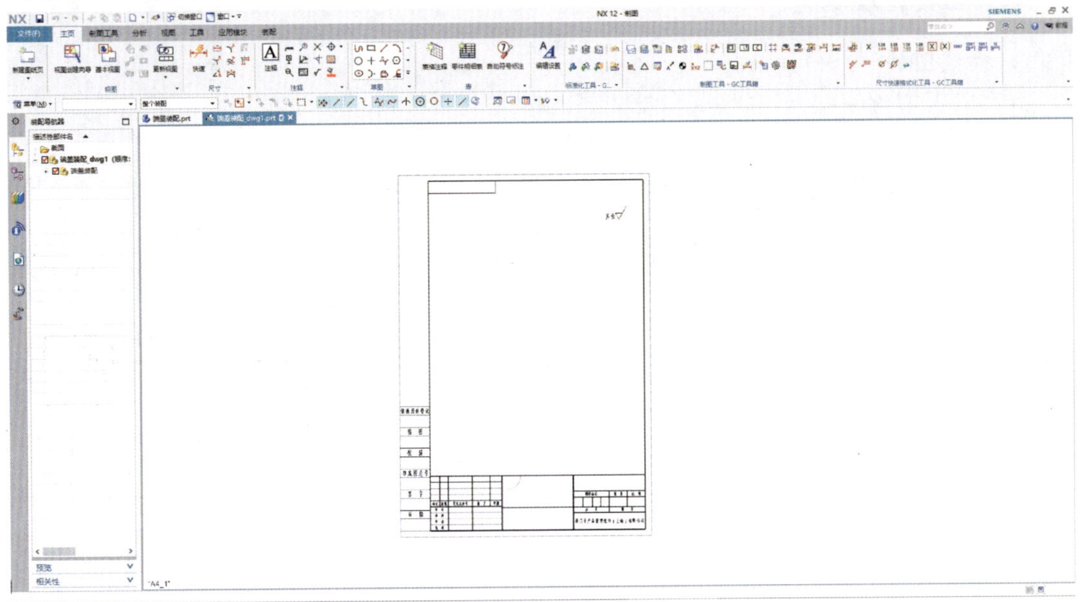

图8-2　工程图设计环境界面

二、工程图首选项设置

工程图首选项设置如下。

（1）菜单：“菜单”→“首选项”→“制图”，出现“制图首选项”对话框，如图8-3所示。

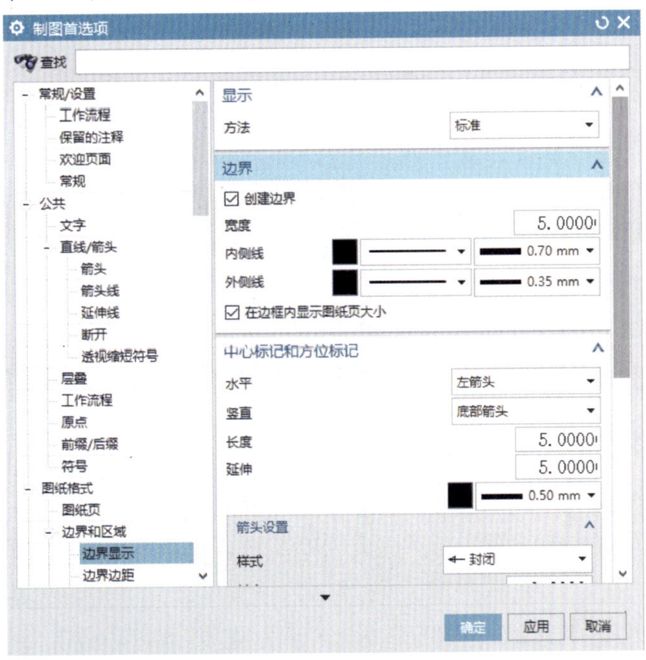

图8-3　“制图首选项”对话框

(2)在对话框中,对图纸格式、视图、尺寸、注释等进行设置。

三、图样管理

1. 新建图样

(1)打开零件模型,出现“新建图样”对话框,如图 8-4 所示。

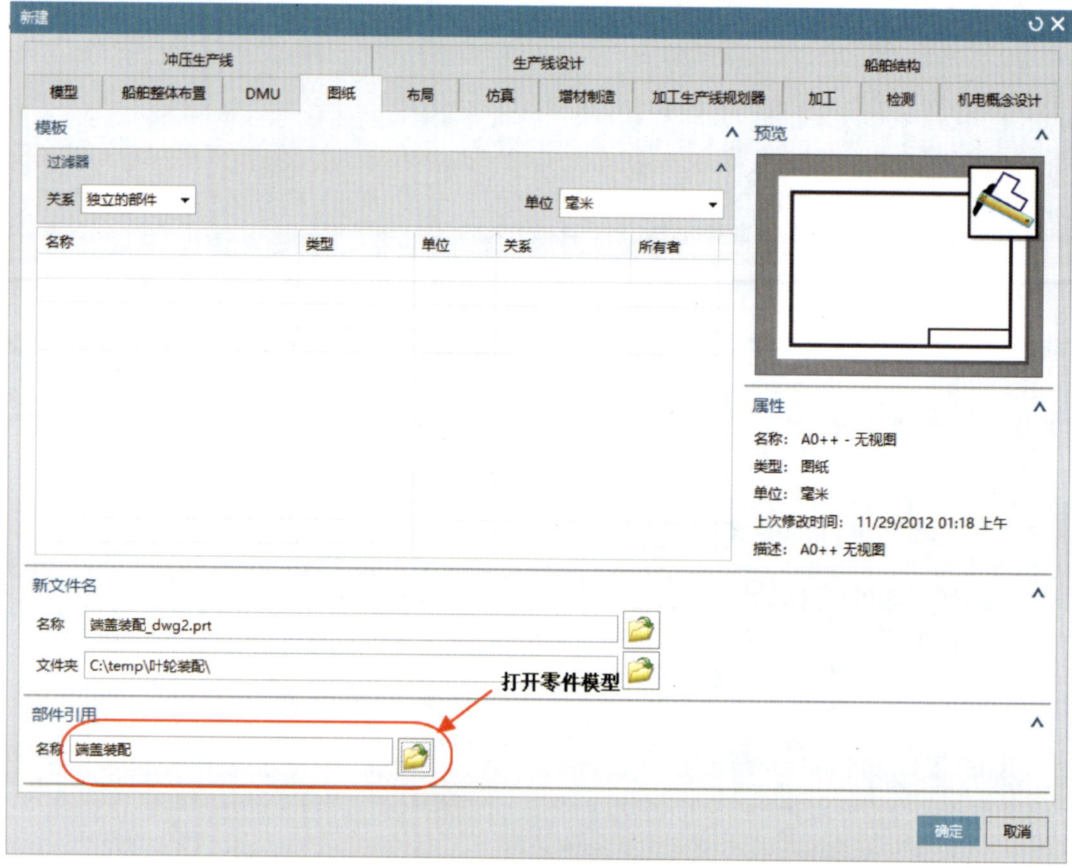

图 8-4 “新建图样”对话框

(2)点击“打开零件模型”,出现“选择主模型部件”对话框,如图 8-5 所示。

(3)点击“打开”,出现“部件名”对话框,如图 8-6 所示。

(4)在对话框中选择我们需要的零件模型,点击“OK”,回到“选择主模型部件”对话框,如图 8-7 所示。

(5)点击“确定”,回到“新建”对话框,输入文件名:凹模工程图, 如图 8-8 所示。

(6)点击“确定”,出现“视图创建向导”对话框,如图 8-9 所示。

(7)可以设置方向和布局等,点击“完成”,系统进入工程图环境,如图 8-10 所示。

2. 新建图纸

新建图纸命令的调用有如下两种。

(1)菜单:“菜单”→“插入”→“图纸页”命令。

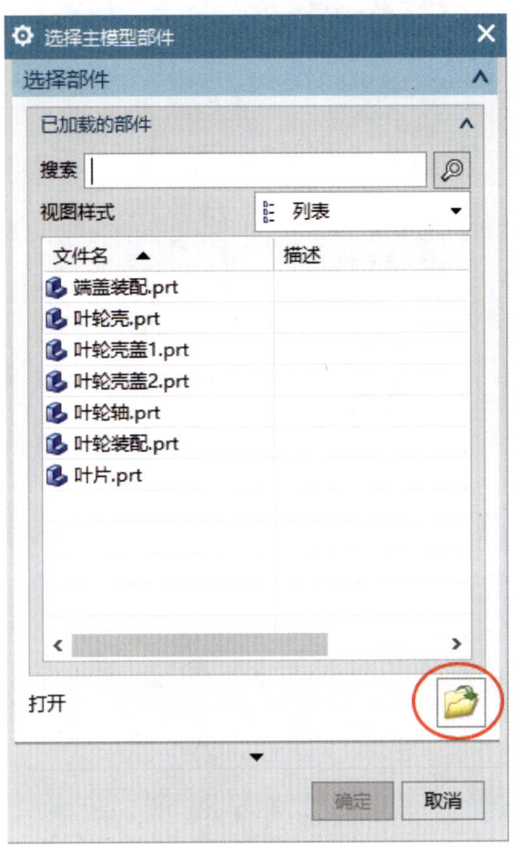

图 8-5　“选择主模型部件”对话框

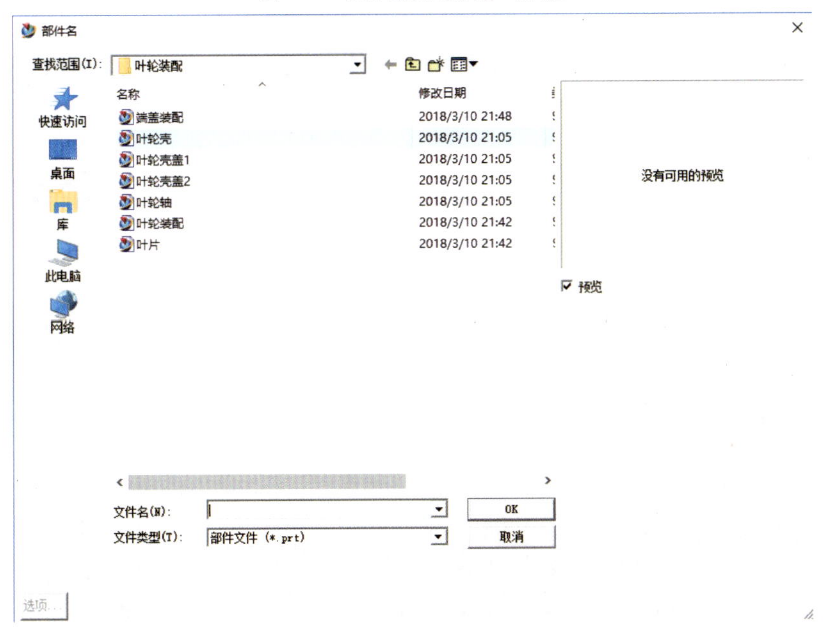

图 8-6　“部件名”对话框

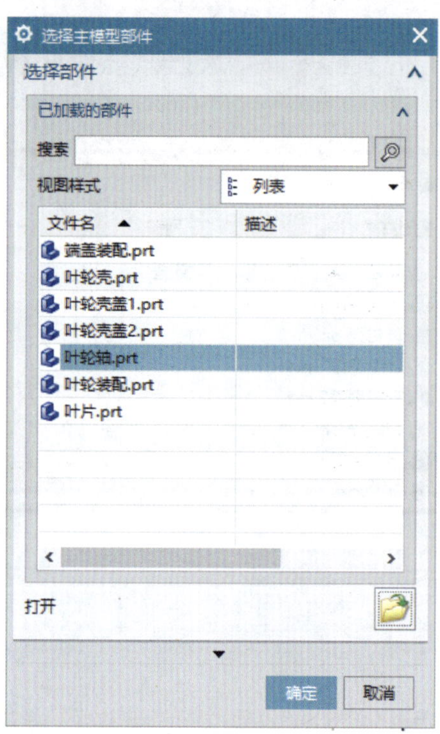

图 8-7 “选择主模型部件”对话框

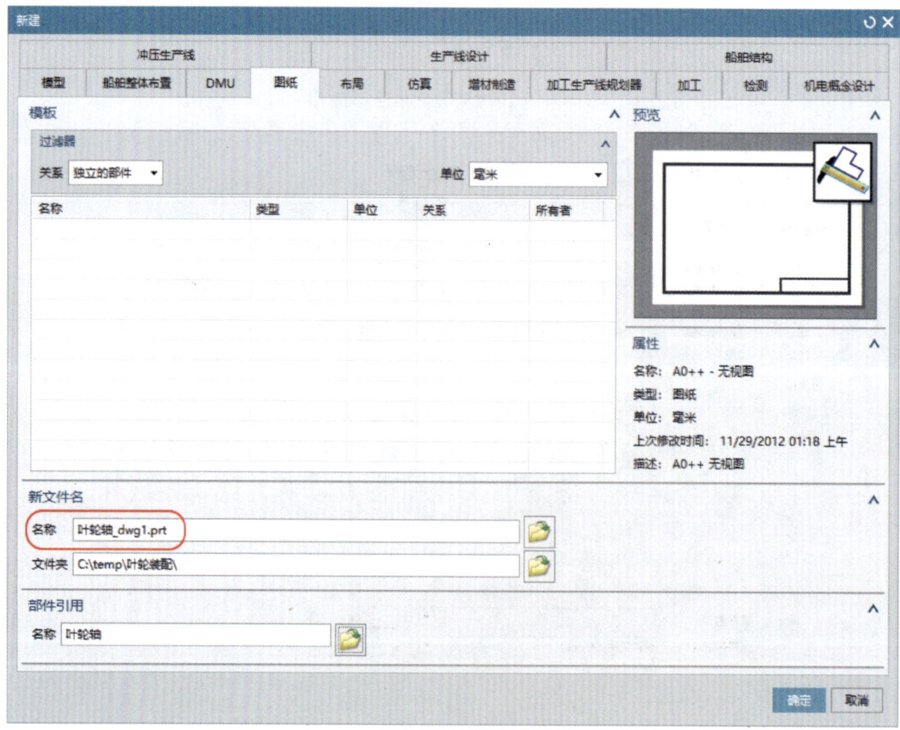

图 8-8 凹模工程图“新建”对话框

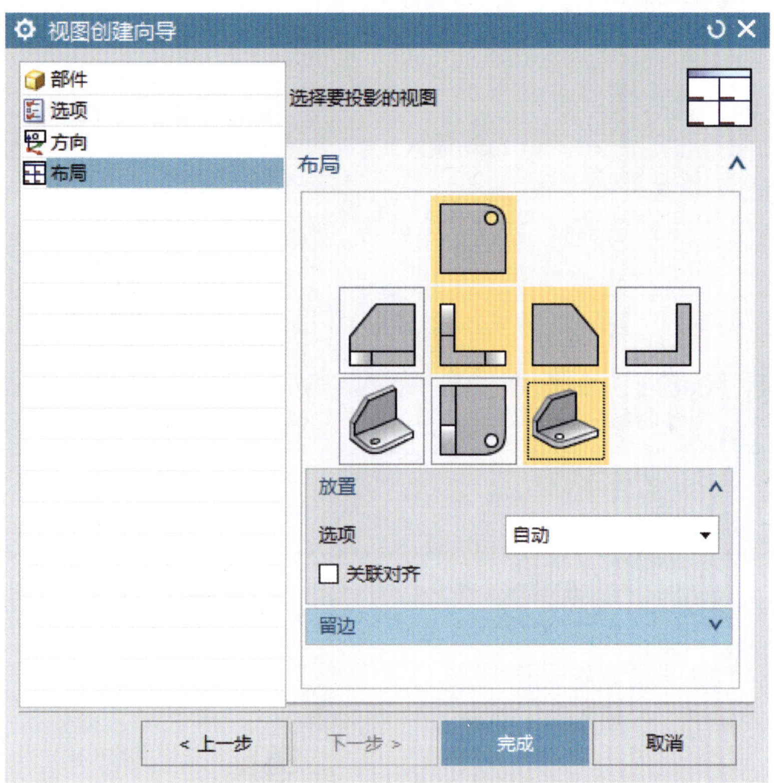

图 8-9　“视图创建向导”对话框

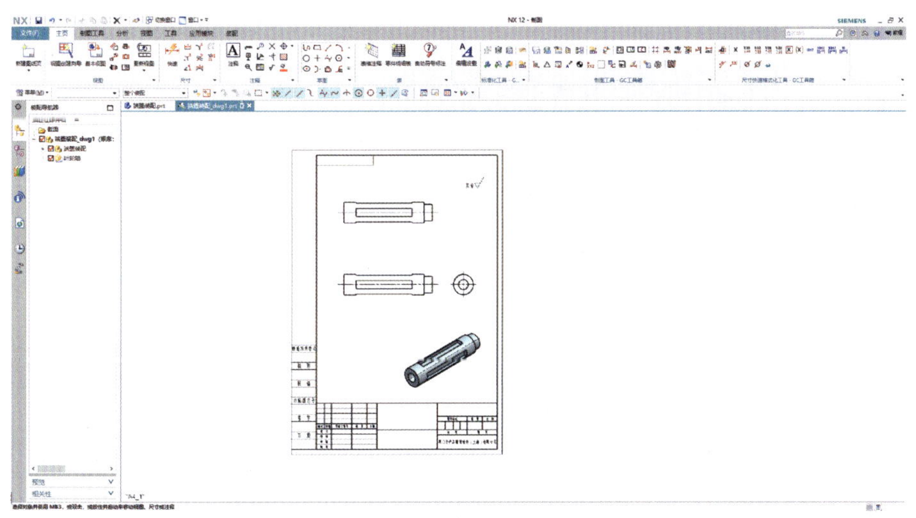

图 8-10　工程图环境界面

(2)功能区:主页选项卡的“新建图纸页”按钮 ,出现“工作表”对话框,如图 8-11 所示。

在对话框中,进行图纸页的设置。

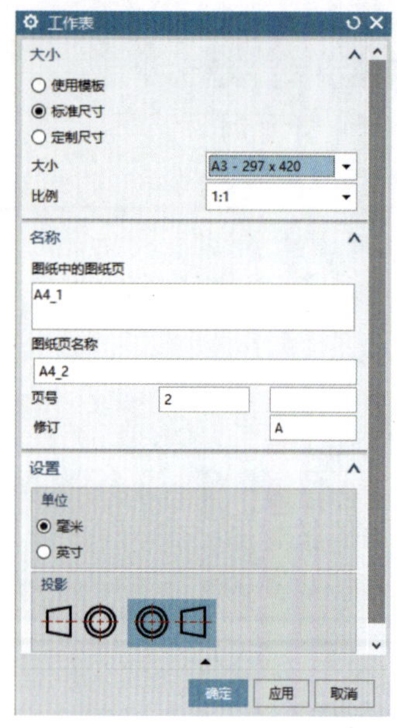

图 8-11 “工作表”对话框

3. 编辑图纸

编辑图纸命令的调用有如下两种。

(1)菜单:“菜单”→“插入”→“图纸页”命令。

(2)功能区:主页选项卡的“编辑图纸页”按钮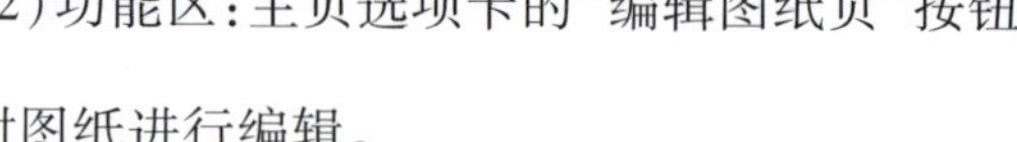。

对图纸进行编辑。

第二节 创建零部件视图

一、基本视图

视图包括六个基本视图(主视图、俯视图、左视图、右视图、仰视图和后视图),放大图,各种剖视图,断面图,辅助视图等。在制作工程图时,根据实际零件的特点,选择不同的视图组合,以便简单清楚地表达各个设计参数。

基本视图命令的调用有如下两种。

(1)菜单:“菜单”→“插入”→“视图”→“基本(B)……”命令。

(2)功能区:主页视图选项卡的“基本视图”按钮。

执行上述操作,出现“基本视图”对话框,如图 8-12 所示,“基本视图”示意图如图 8-13 所示。

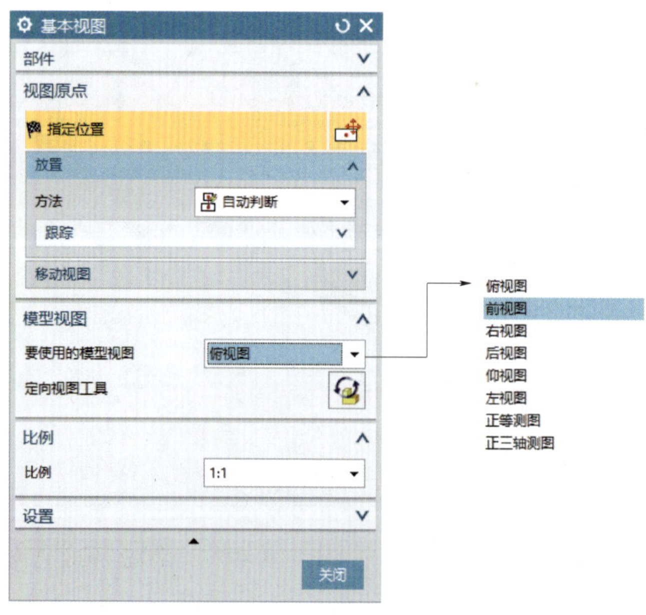

图 8-12 “基本视图”对话框

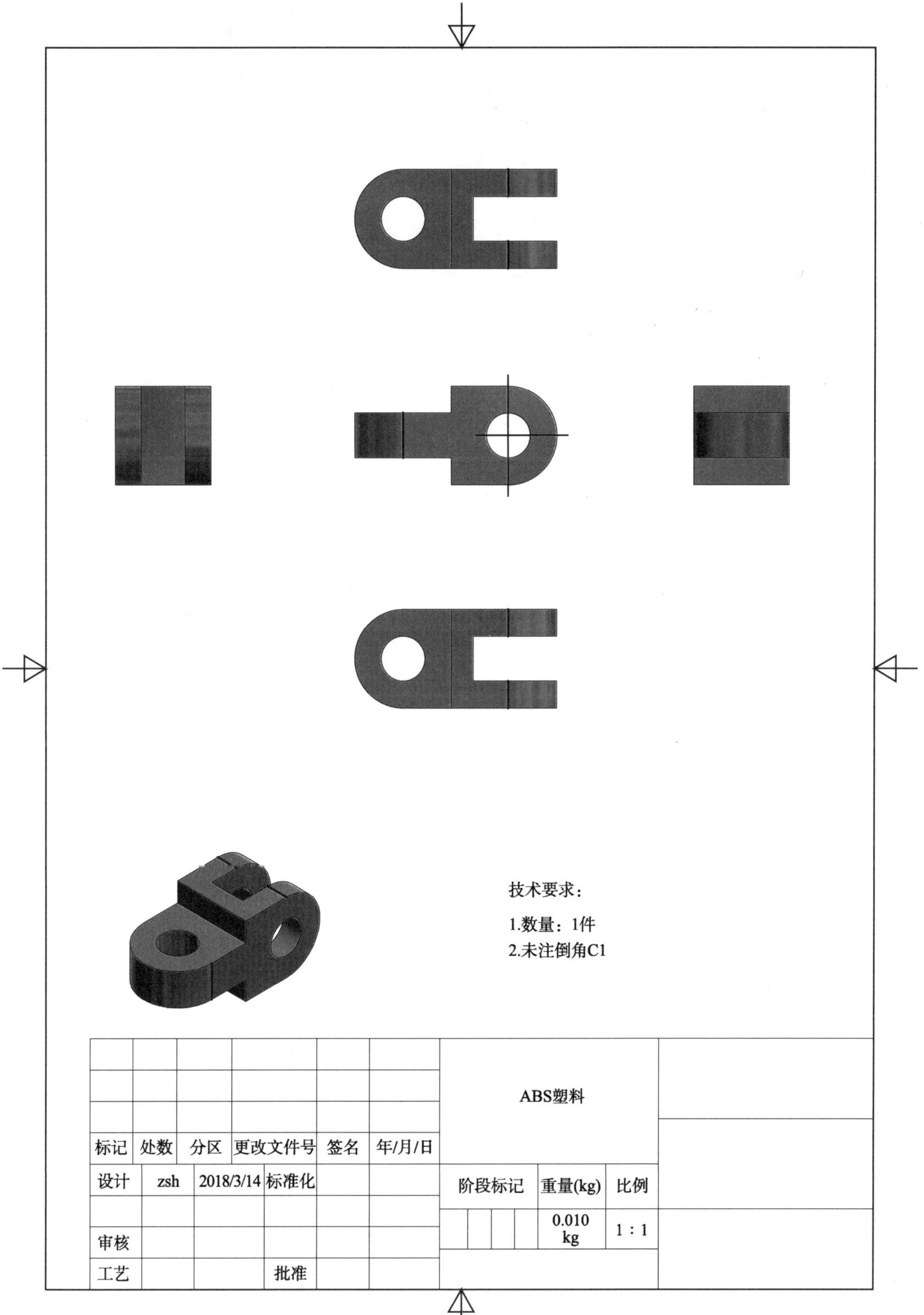

图 8-13　“基本视图”示意图

“基本视图”对话框中各选项说明如下。

1. 视图原点

（1）指定位置：使用光标来指定一个屏幕位置。

（2）放置：建立视图的位置。

（3）方法：用于选择其中一个对齐视图选项。

2. 模型视图

（1）要使用的模型视图：用于选择一个要用作基本视图的模型视图。

（2）定向视图工具：单击该按钮，打开定向视图工具并且可用于定制基本视图的方位。

（3）比例：在向图纸页添加制图视图之前，为制图视图指定一个特定的比例。

二、投影视图

投影视图是从任何父图纸视图创建投影正交或辅助视图。

投影视图命令的调用有如下两种。

（1）菜单：“菜单”→“插入”→“视图”→“投影(j)……”命令。

（2）功能区：主页视图选项卡的“投影视图”按钮。

执行上述操作，出现“投影视图”对话框如图 8-14 所示，“投影视图”示意图如图 8-15 所示。

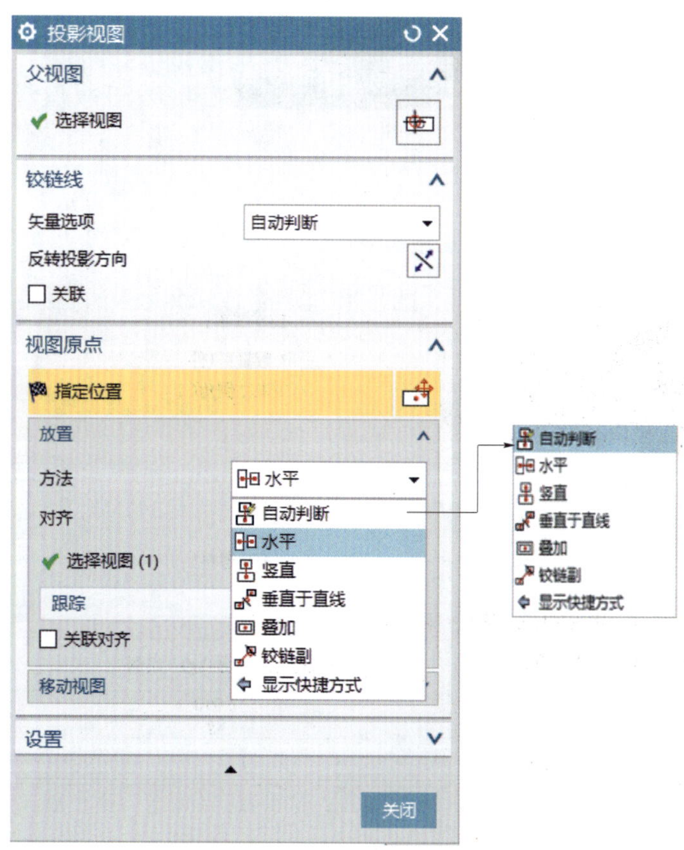

图 8-14 “投影视图”对话框

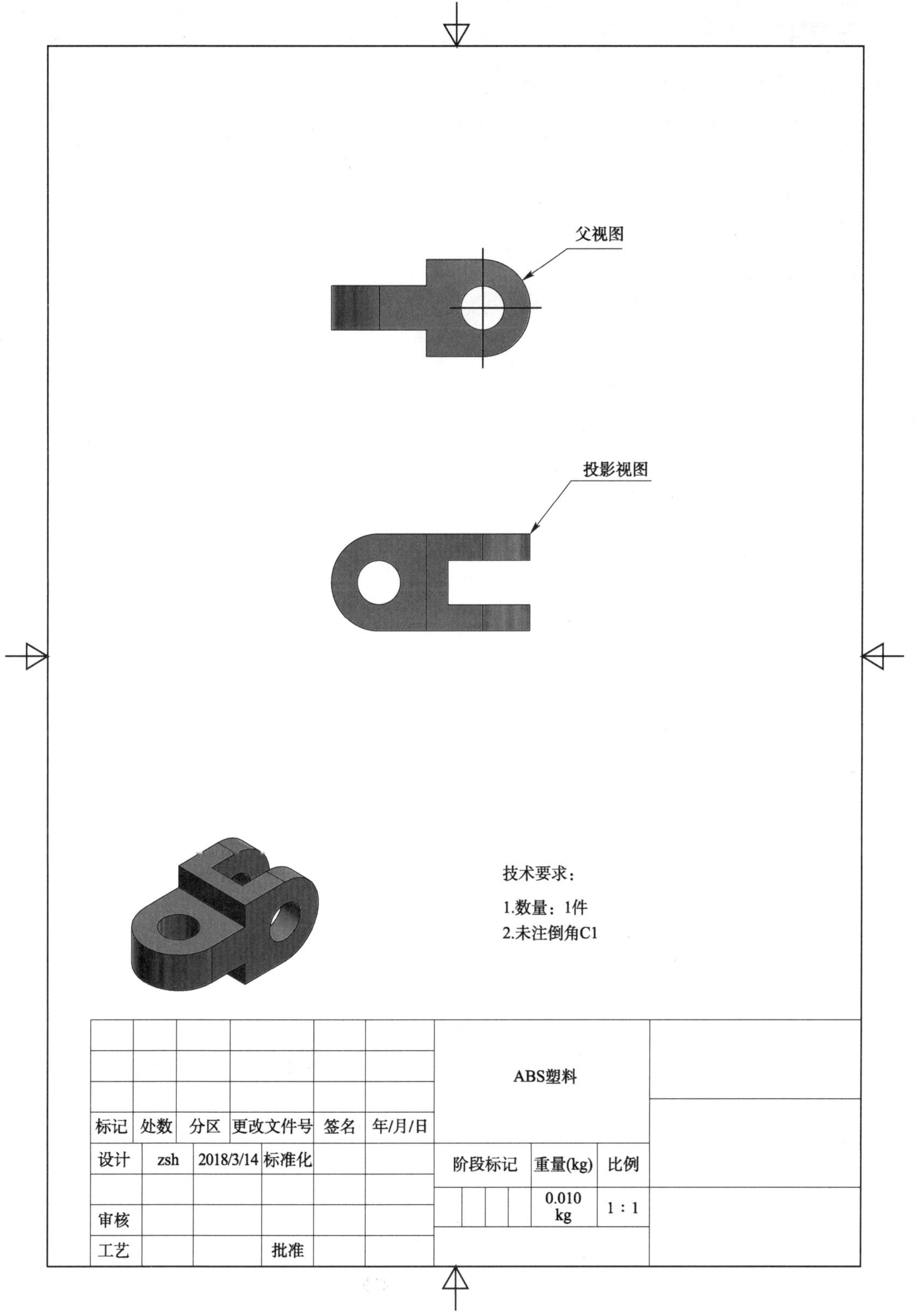

图 8-15 “投影视图”示意图

三、局部放大图

局部放大图命令的调用有如下两种。

(1)菜单:“菜单”→“插入”→“视图”→“局部放大图(D)……”命令。

(2)功能区:主页视图选项卡的“局部放大图”按钮 。

执行上述操作,出现“局部放大图”对话框,如图 8-16 所示,“局部放大图”示意图如图 8-17所示。

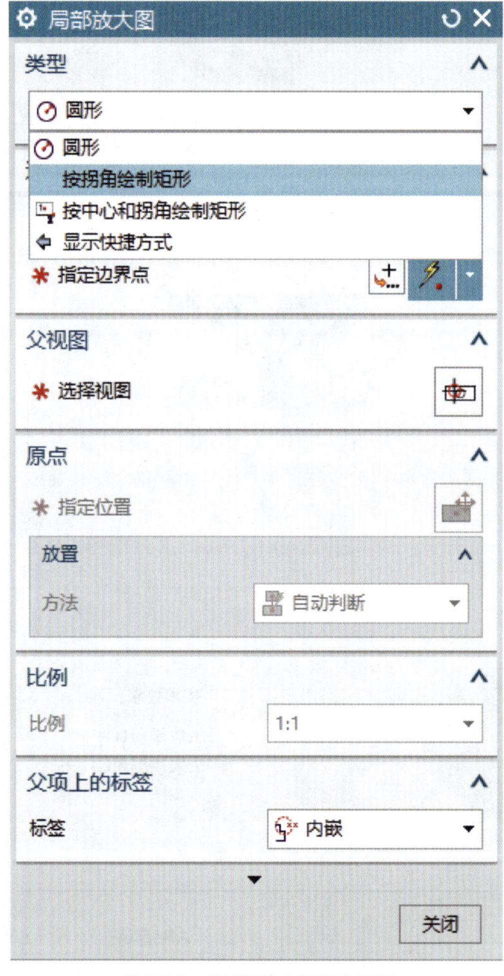

图 8-16 “局部放大图”对话框

四、断开视图

断开视图命令的调用有如下两种。

(1)菜单:“菜单”→“插入”→“视图”→“断开视图(K)……”命令。

(2)功能区:主页视图选项卡的“断开视图”按钮 。

执行上述操作,出现“断开视图”对话框,如图 8-18 所示,“断开视图”示意图如图 8-19 所示。

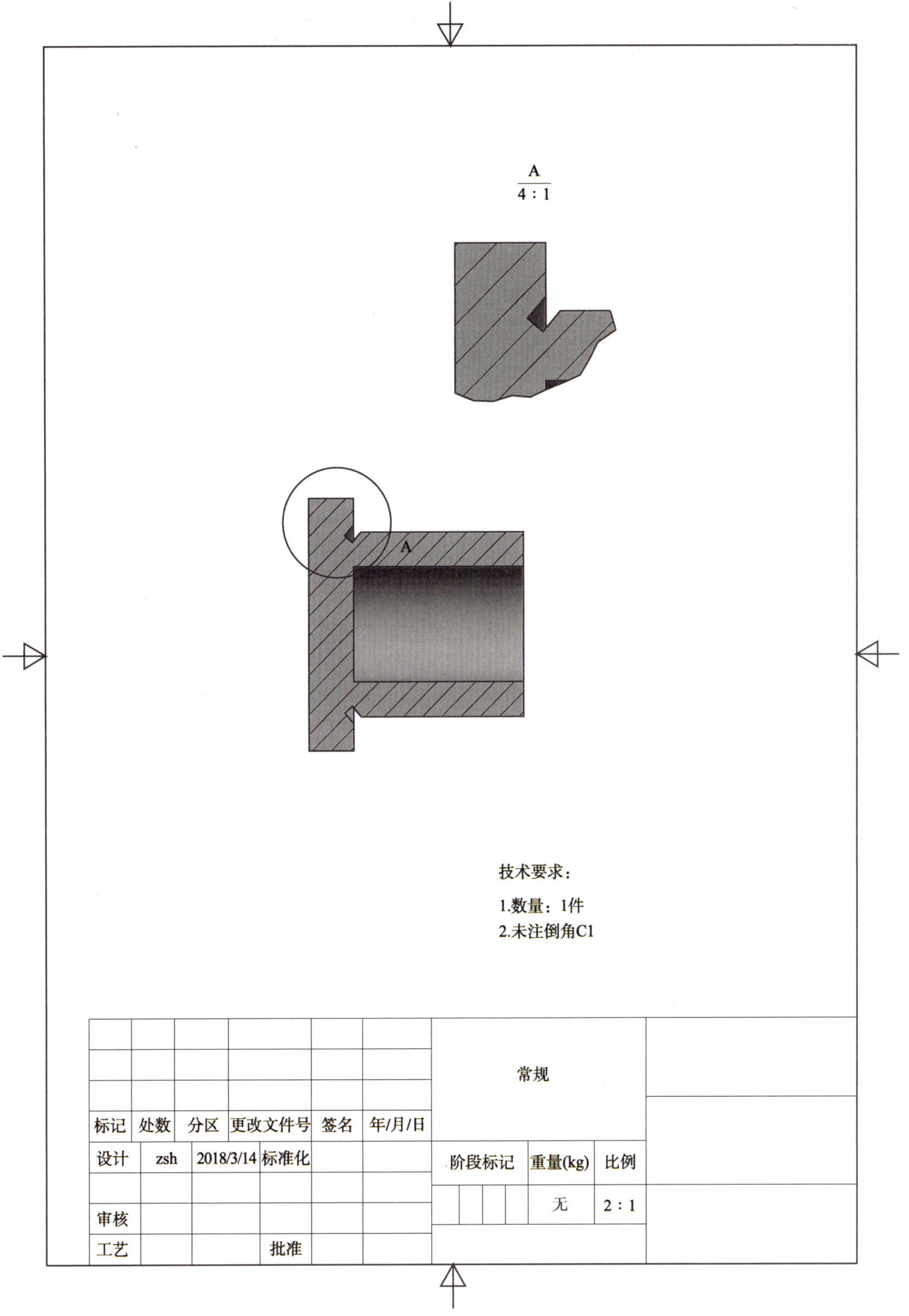

图 8-17　“局部放大图”示意图

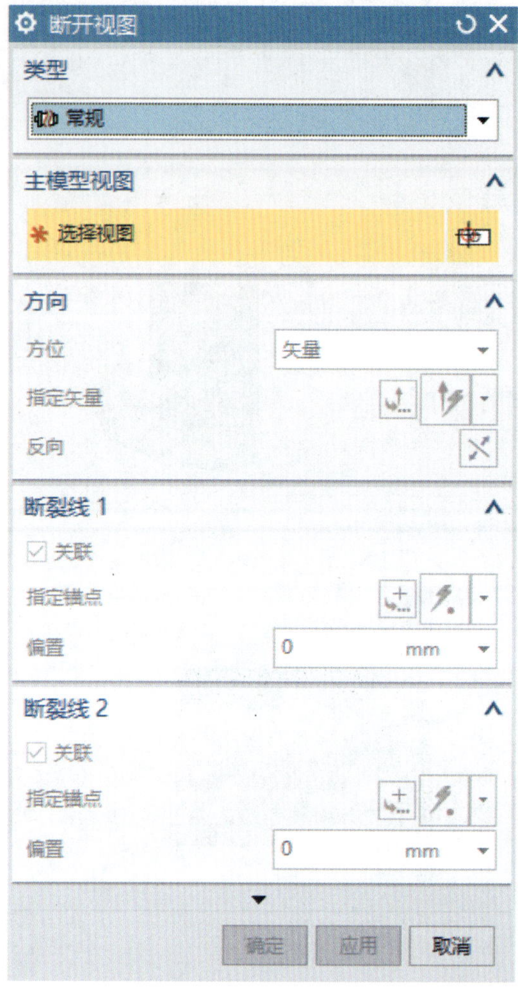

图 8-18 “断开视图”对话框

五、剖视图

剖视图命令的调用有如下两种。

(1)菜单:“菜单”→“插入”→“视图”→“剖视图(S)……”命令。

(2)功能区:主页视图选项卡的“剖视图”按钮 。

执行上述操作,出现“剖视图”对话框,如图 8-20 所示,“剖视图”示意图如图 8-21 所示。

六、局部剖视图

用户可以通过选择下拉菜单“插入”→“视图”→ “局部剖视图”命令创建局部剖视图,如图 8-22 所示。

七、视图编辑

1. 视图对齐

视图对齐命令的调用有如下两种。

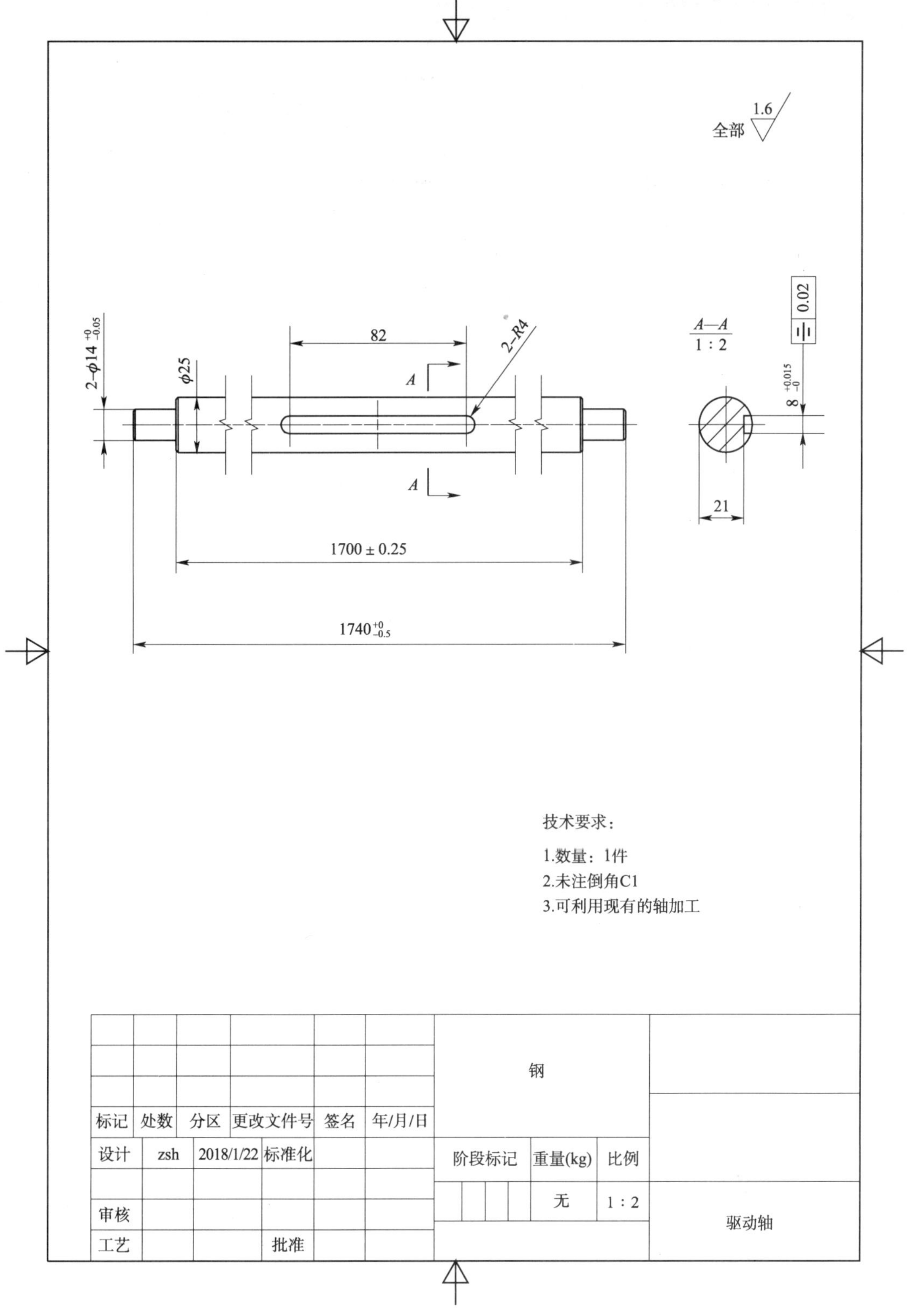

图 8-19 “断开视图”示意图

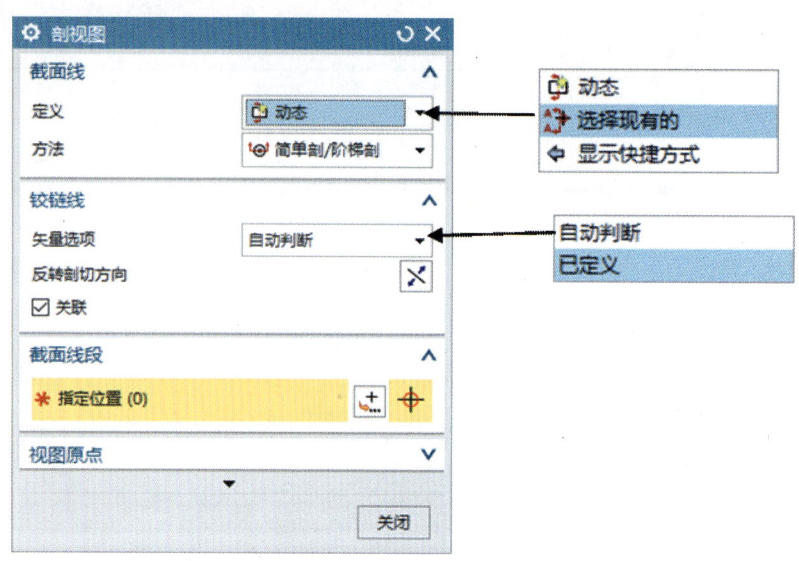

图 8-20 “剖视图”对话框

(1)菜单:“菜单”→“编辑”→“视图”→“对齐(I)……”命令。

(2)功能区:主页视图里的“编辑视图”中的“视图对齐”。

执行上述操作,出现“视图对齐”对话框,如图 8-23 所示。

“视图对齐”对话框中各选项说明如下。

(1)放置方法。

叠加:即重合对齐,系统会将视图的基准点进行重合对齐。

水平:将视图的基准点进行水平对齐。

竖直:将视图的基准点进行竖直对齐。

垂直于直线:将视图的基准点垂直于某一直线对齐。

自动判断:根据选择的基准点,判断用户意图(显示可能的对齐方式)。

(2)对齐。

模型点:使用模型上的点对齐视图。

对齐至视图:使用视图中心点对齐视图。

点到点:移动视图上的一个点到另一个指定点来对齐视图。

2. 移动/复制视图

移动/复制视图命令的调用有如下两种。

(1)菜单:“菜单”→“编辑”→“视图”→“移动/复制”命令。

(2)功能区:主页视图组里的“编辑视图”里的“移动/复制视图”。

执行上述操作,出现“移动/复制视图”对话框,如图 8-24 所示。

选择要进行移动或复制的视图,然后选择移动或复制的方式,如图 8-25 所示。

3. 视图边界

视图边界命令的调用有如下两种。

(1)菜单:“菜单”→“编辑”→“视图”→“边界(B)”命令。

(2)功能区:主页视图组里的“编辑视图”里的“视图边界”。

A—A
1.5 : 1
R8
11
19
φ16
11
8
19
22
14
A
A
19
30
22
18
22
φ10通
φ20
11
未注圆角R1
ABS塑料
标记 处数 分区 更改文件号 签名 年/月/日
设计 zsh 2018/3/13 标准化
阶段标记 重量(kg) 比例
0.006 kg
1.5 : 1
审核
工艺
批准
肩关节
A06-12

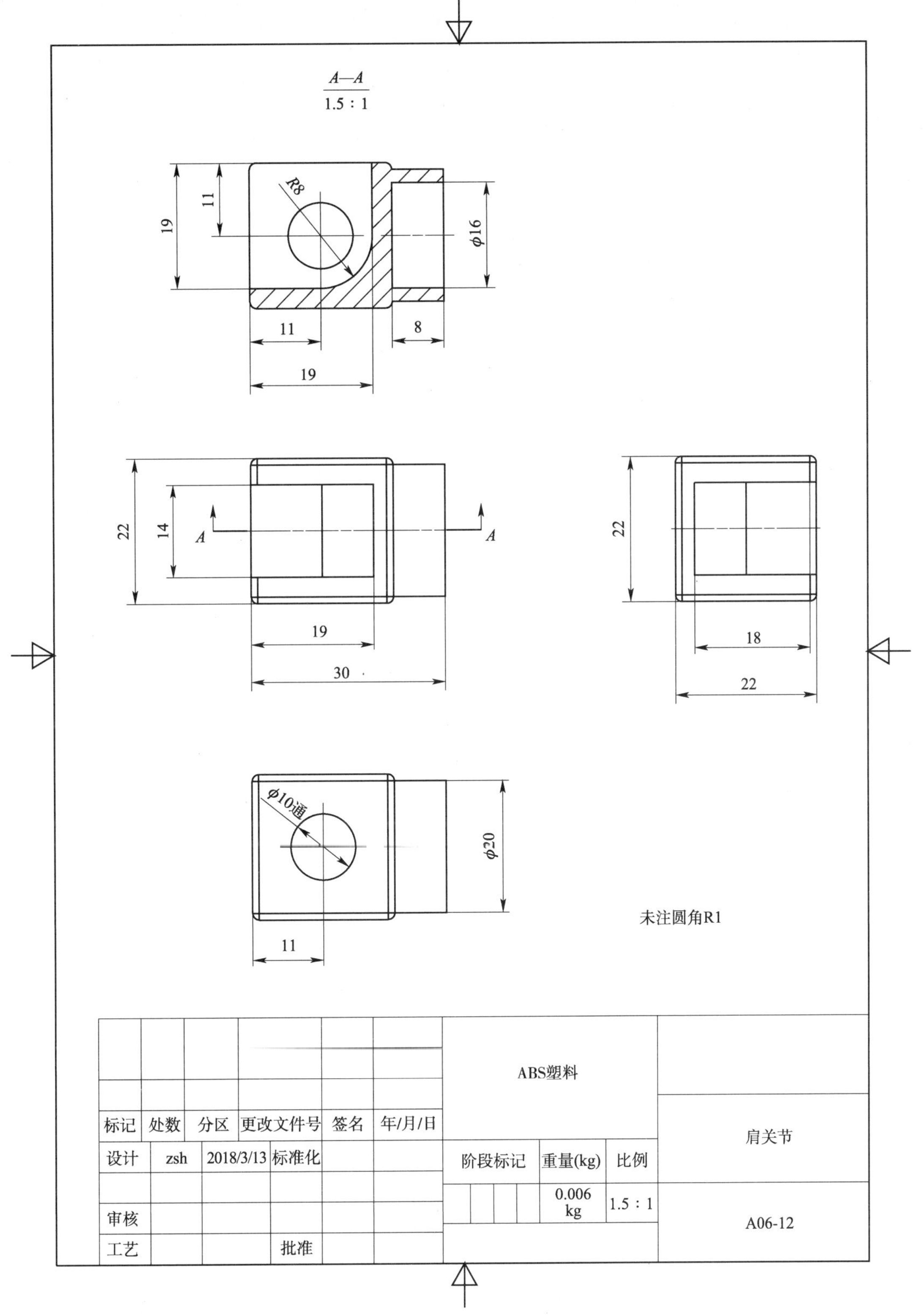

图 8-21 “剖视图”示意图

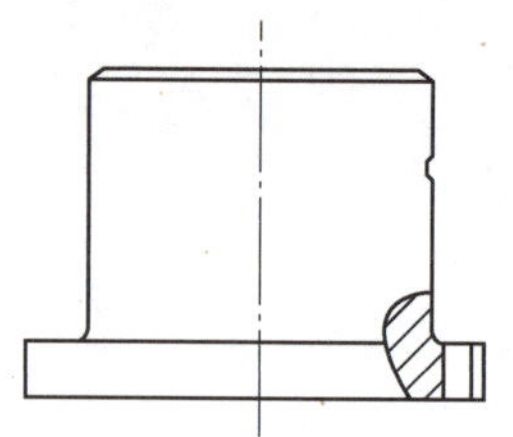

图 8-22 “局部剖视图”示意图

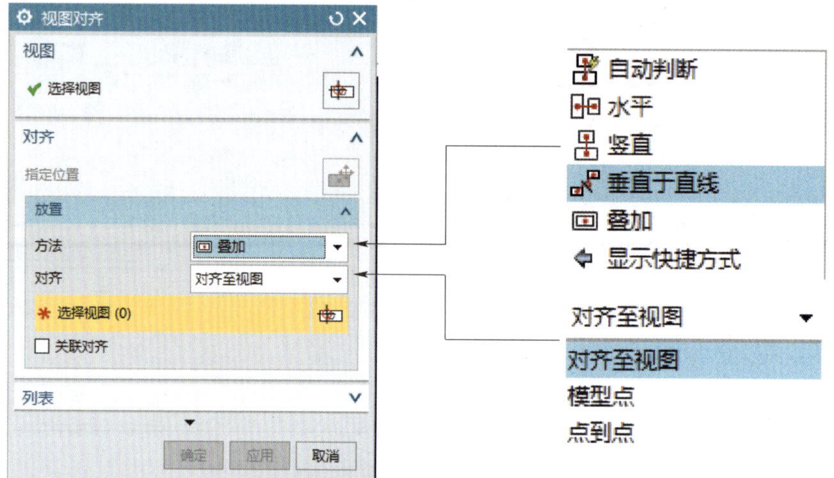

图 8-23 “视图对齐”对话框

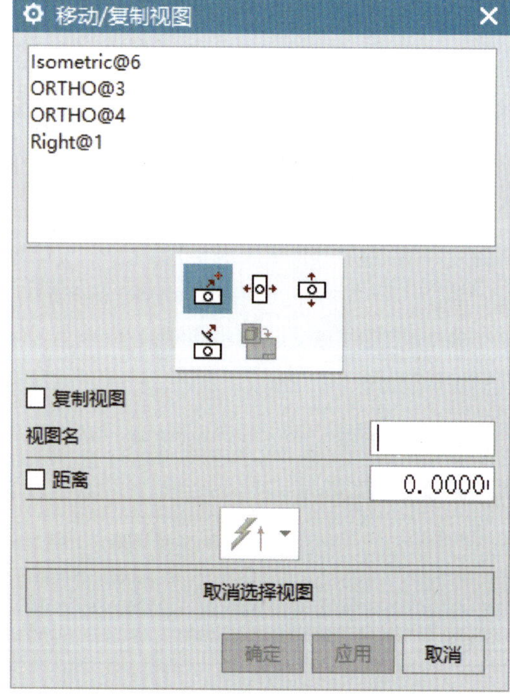

图 8-24 “移动/复制视图”对话框

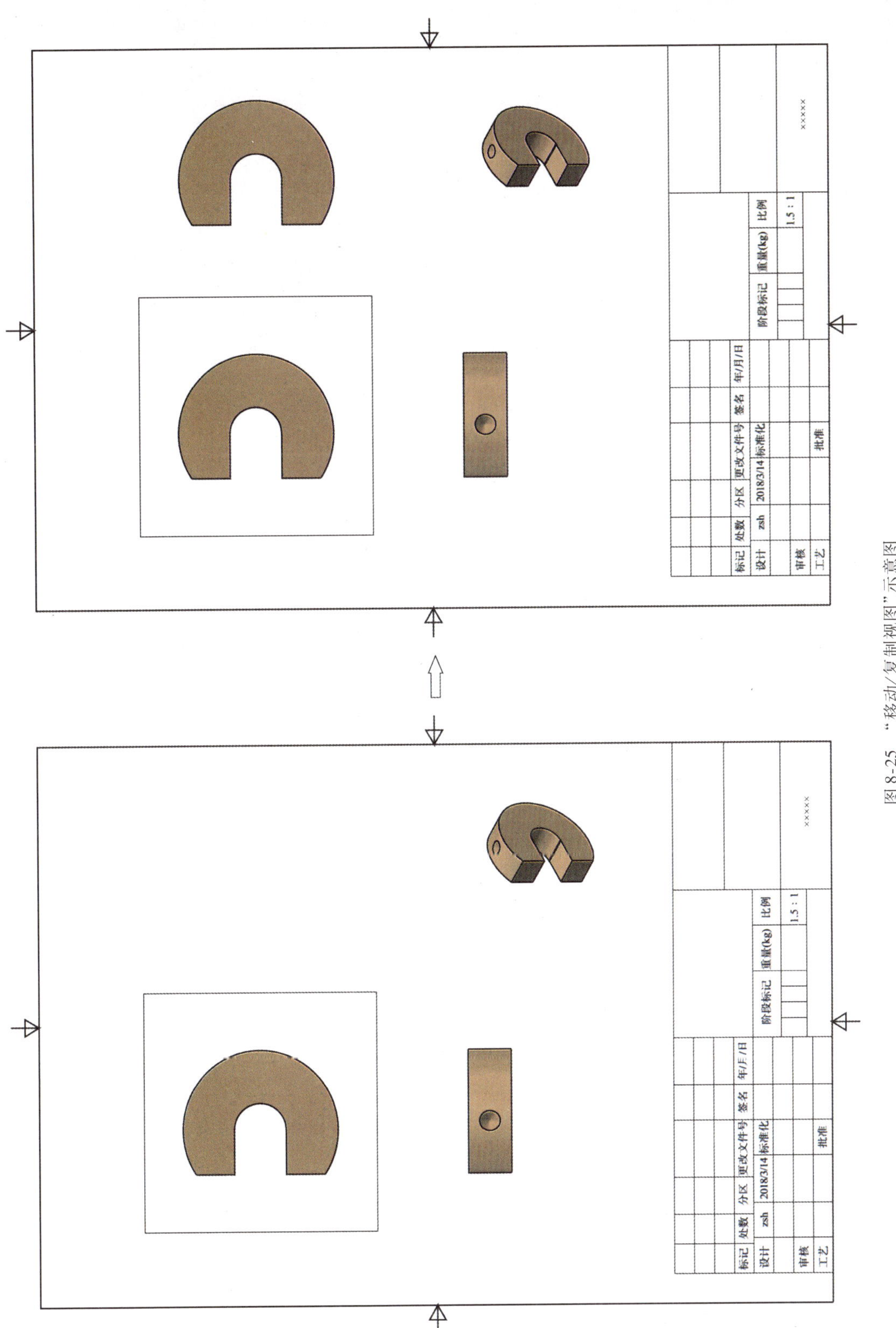

图 8-25　“移动/复制视图”示意图

执行上述操作,出现“视图边界”对话框,如图 8-26 所示。对对话框进行操作,完成“视图边界”操作。

4. 视图的相关编辑

视图的相关编辑命令的调用有如下两种。

(1)菜单:“菜单”→“编辑”→“视图”→“视图的相关编辑”命令。

(2)功能区:主页视图组里的“编辑视图”里的“视图的相关编辑(E)”。

执行上述操作,出现“视图的相关编辑”对话框,如图 8-27 所示。

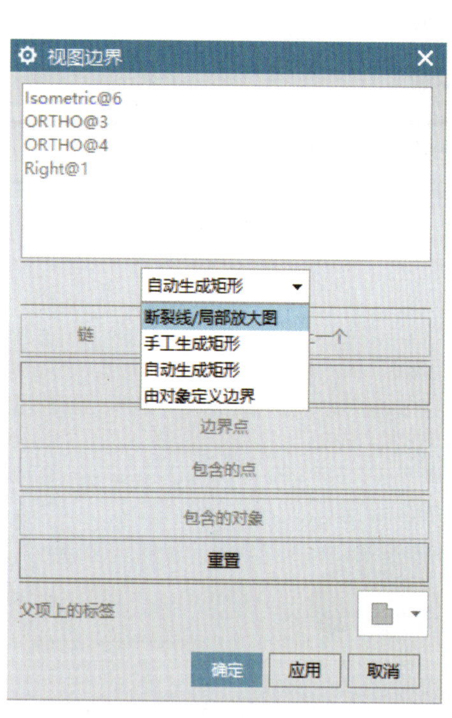

图 8-26 “视图边界”对话框

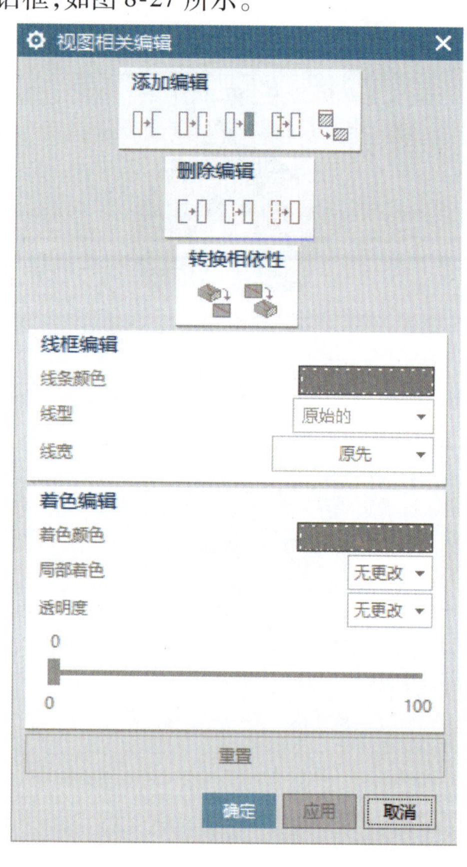

图 8-27 “视图相关编辑”对话框

选择要编辑的视图,则对话框中的灰色部分变亮。

(1)添加编辑。

可以进行擦除对象(不是删除,只是使被擦除的对象不可见而已,再次单击擦除对象按钮,擦除对象将重新显示),编辑完全对象(可以编辑选定的对象的显示方式,包括颜色、线型和宽度),编辑着色对象(控制视图中对象的局部着色和透明度),编辑对象段(编辑部分对象的显示方式)。

(2)删除编辑。

可以删除选定的擦除、删除选定的编辑、删除所有编辑。

(3)线框编辑。

可以编辑线条的颜色、线型、线宽。

(4)着色编辑。

可以编辑着色的颜色。

5.更新视图

更新视图命令的调用有如下两种。

(1)菜单:“菜单”→“编辑”→“视图”→“更新(U)”命令。

(2)功能区:主页视图组里的“编辑视图”里的“更新视图”。

执行上述操作,出现“更新视图”对话框,如图8-28所示。

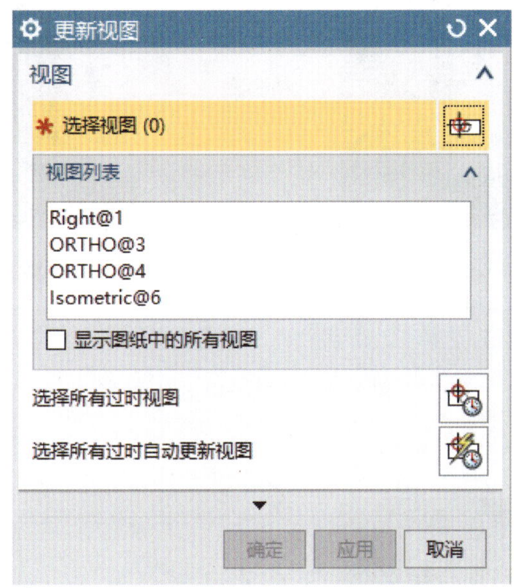

图8-28 “更新视图”对话框

选择要更新的视图,反映上次更新视图以来模型发生的更改。

八、实例

通过上述内容的学习,同学们自己独立完成下面零件的设计。

完成如图8-29所示的实体零件,具体要求如图8-30所示。

图8-29 实体零件示意图

R11
φ10
0.000
39
φ5
10
1.6
30
44
10
50
40
A
R1
ABS塑料
标记
处数
分区
更改文件号
签名
年/月/日
设计
zsh
2018/3/13
标准化
阶段标记
重量(kg)
比例
0.025 kg
1 : 1
审核
工艺
批准
脚掌
A06-15

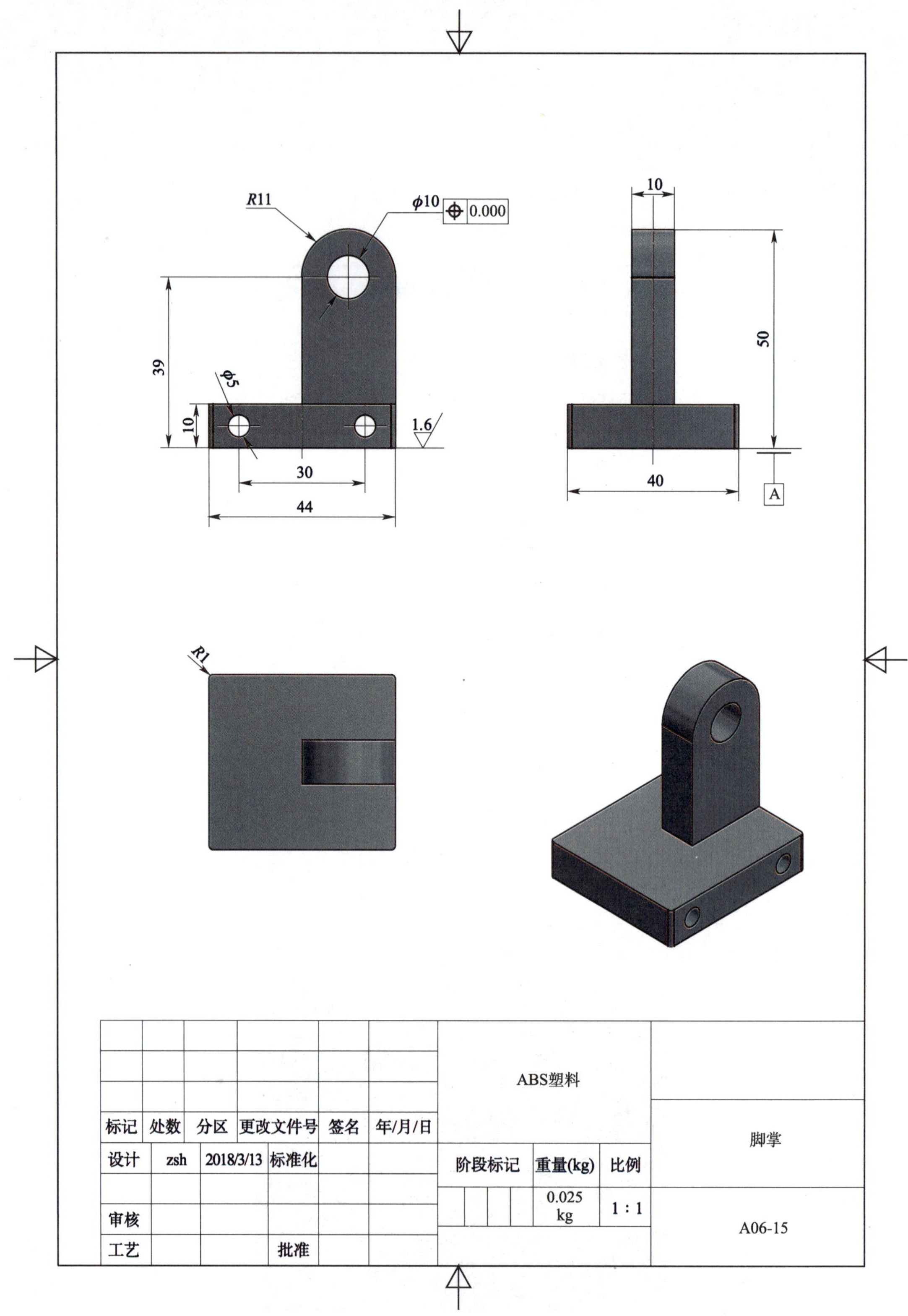

图 8-30　零件图图纸

第三节　尺寸标注

尺寸标注是绘图中必不可少的部分，是识别图形和质量验收的主要依据，是指导零部件制造的重要组成部分。足够的尺寸标注，才能明确零件的实际大小和各部分的相对位置，图样除了画出零件及其各部分的形状外，还必须准确、详尽和清晰地标注尺寸，以确定其大小，作为加工时的依据。

零件的真实大小应以图样上所注的尺寸数值为依据，与图形的大小及绘图的准确度无关；图样中（包括技术要求和其他说明）的尺寸，以毫米为单位时，不需标注计量单位的代号或名称，如采用其他单位，则必须注明相应的计量单位的代号或名称；图样中所标注的尺寸，为该图样所示零件的最后完工尺寸，否则应另加说明；零件的每一尺寸，一般只标注一次，并应标注在反映该结构最清晰的图形上。

一、中心线

UG NX 12.0 提供了很多的中心线，例如中心标记、螺栓圆、对称、2D 中心线和 3D 中心线，从而可以对工程图进一步地丰富和完善。

1. 中心标记

选择下拉菜单“插入”→“中心线”→“中心标记”命令添加标注。

2. 2D 中心线

选择下拉菜单“插入”→“中心线”→“2D 中心线”命令添加标注，如图 8-31 所示。

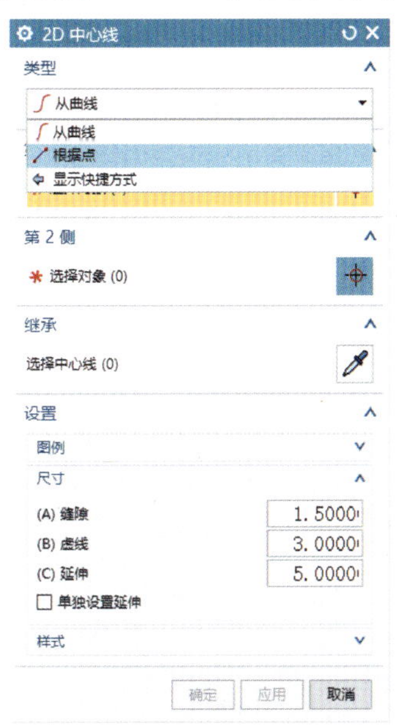

a)“2D中心线”对话框

图　8-31

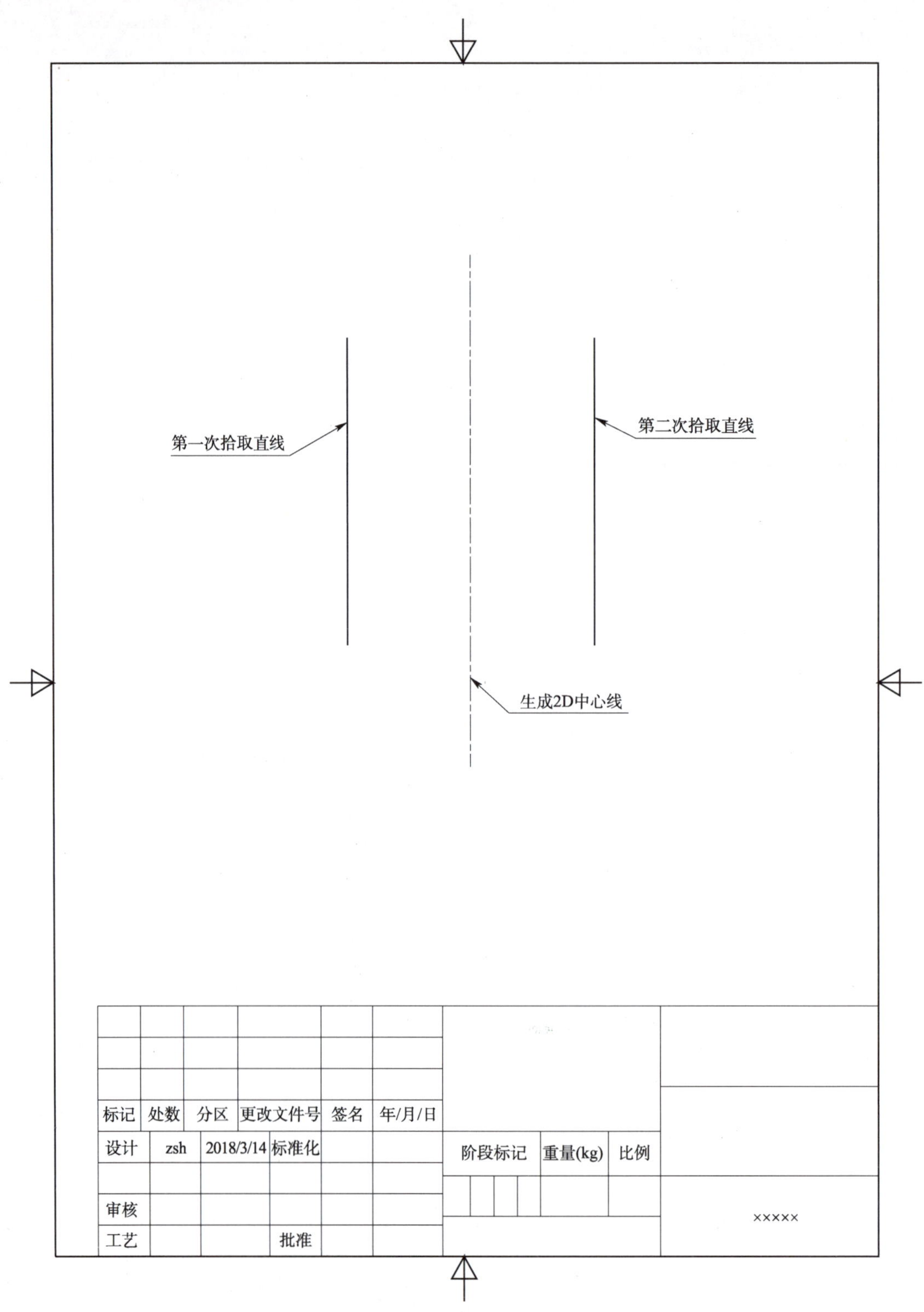

b)"2D中心线"示意图

图 8-31 "2D 中心线"生成示意图

二、尺寸标注的组成

一个完整的尺寸标注由尺寸界限、尺寸线、箭头和标注文字部分组成。

三、各种类型尺寸标注

1. 快速标注

快速标注是根据选定对象和光标的位置自动判断尺寸类型以创建尺寸。

快速标注命令的调用有如下两种。

(1)菜单:“菜单”→“插入”→“尺寸”→“快速(P)……”命令。

(2)功能区:主页尺寸组里的“快速(D)”。

执行上述操作,出现“快速尺寸”对话框,如图 8-32 所示。

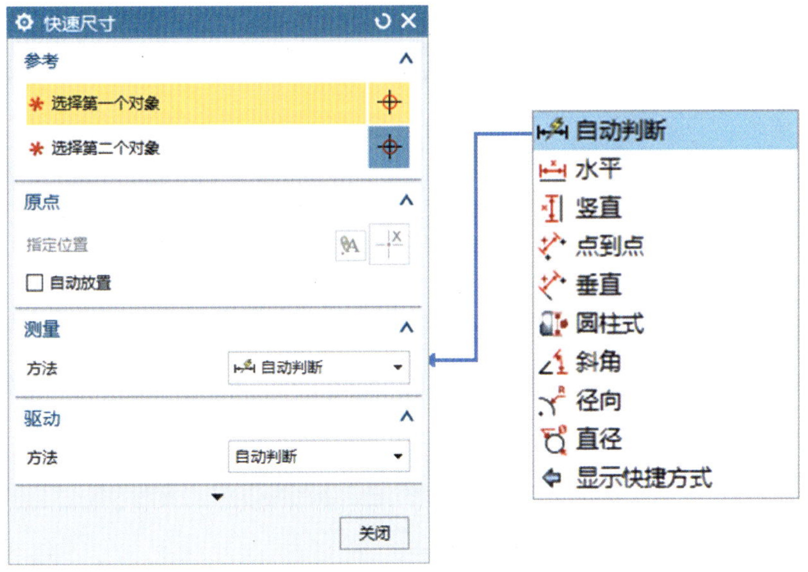

图 8-32　“快速尺寸”对话框

2. 线性尺寸

线性尺寸是在二个对象或者点位置之间创建线性尺寸。

线性尺寸命令的调用有如下两种。

(1)菜单:“菜单”→“插入”→“尺寸”→“线性(L)……”命令。

(2)功能区:主页尺寸组里的“线性”。

执行上述操作,出现“线性尺寸”对话框,操作过程如图 8-33 所示。

3. 径向尺寸

径向尺寸命令的调用有如下两种。

(1)菜单:“菜单”→“插入”→“尺寸”→“径向(R)……”命令。

(2)功能区:主页尺寸组里的“径向”。

执行上述操作,出现“径向尺寸”对话框,如图 8-34 所示,标注样式如图 8-35 所示。

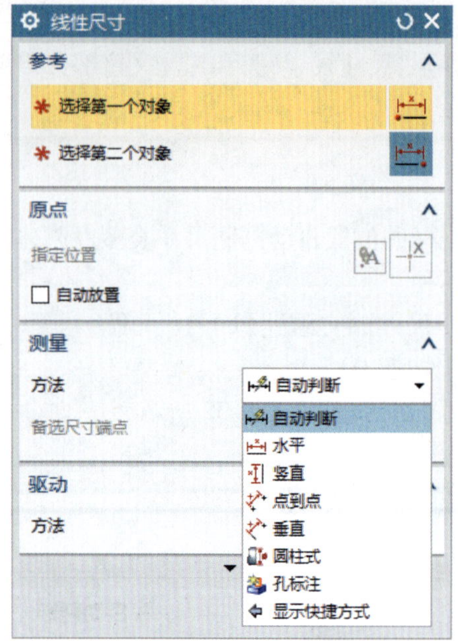

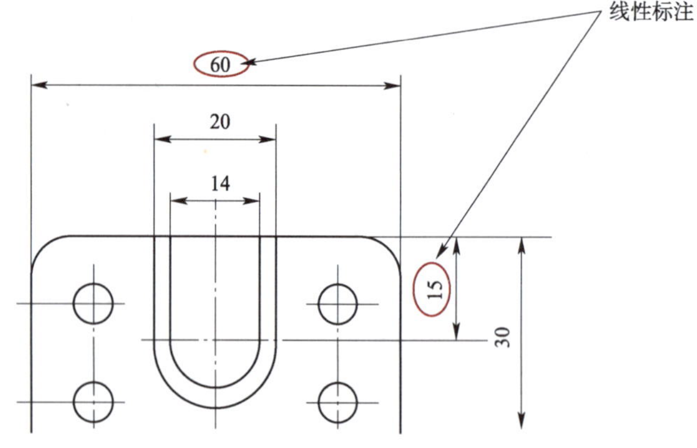

图 8-33 “快速尺寸”对话框

4. 角度标注

角度标注命令的调用有如下两种。

(1)菜单:“菜单”→“插入”→“尺寸”→“角度(A)……”命令。

(2)功能区:主页尺寸组里的“角度”。

执行上述操作,出现“角度标注”对话框,如图 8-36 所示,标注样式如图 8-37 所示。

5. 倒斜角标注

倒斜角标注命令的调用有如下两种。

(1)菜单:“菜单”→“插入”→“尺寸”→“倒斜角(C)……”命令。

(2)功能区:主页尺寸组里的“倒斜角”。

执行上述操作,出现“倒斜角尺寸”对话框,如图 8-38 所示,标注样式如图 8-39 所示。

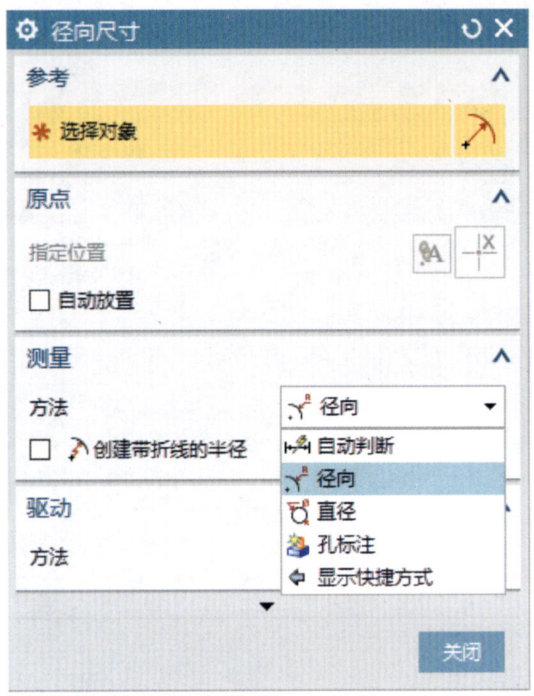

图 8-34　“径向尺寸”对话框

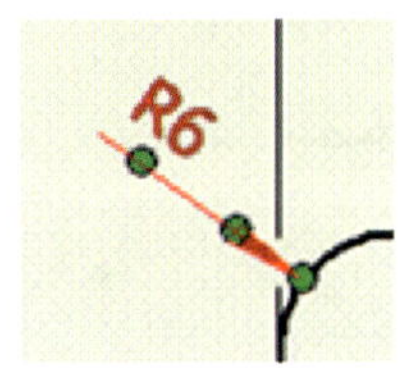

图 8-35　“径向尺寸标注”示意图

图 8-36　“角度尺寸”对话框

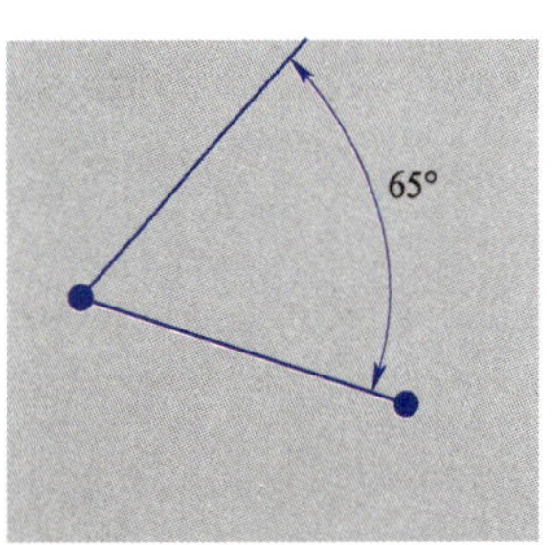

图 8-37　“角度尺寸”标注样式

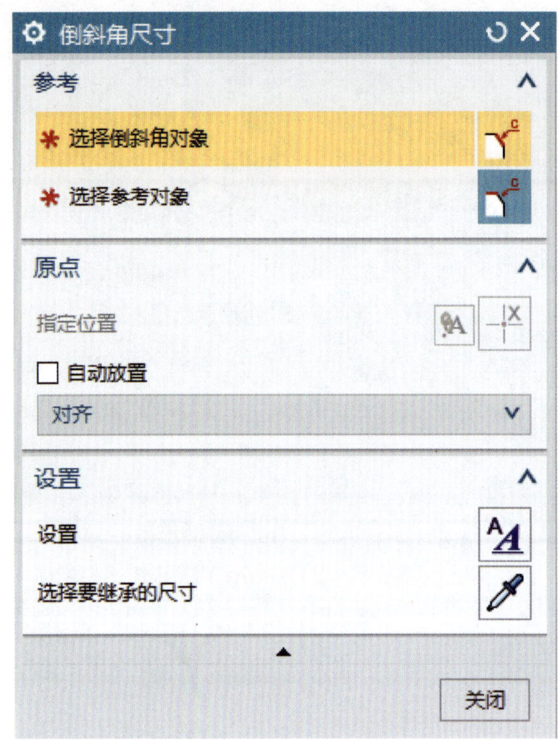

图 8-38 “倒斜角尺寸”对话框

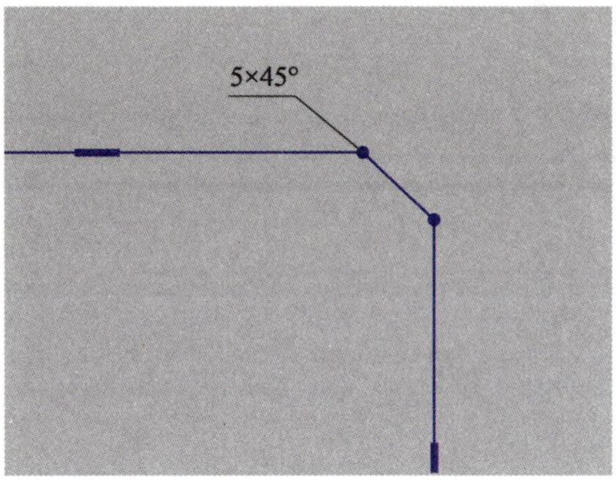

图 8-39 “倒斜角尺寸”标注样式

四、注释

注释命令的调用有如下两种。

(1)菜单:“菜单”→“插入”→“注释”→“注释(A)……”命令。

(2)功能区:主页“注释”组里的“注释”。

执行上述操作,出现“注释”对话框,如图 8-40 所示。

图 8-40 “注释”对话框

在输入文本的位置输入注释内容，然后在图纸上指定注释的位置。

1. 特征控制框

特征控制框命令的调用有如下两种。

(1)菜单："菜单"→"插入"→"注释"→"特征控制框(E)……"命令。

(2)功能区：主页"注释"组里的"特征控制框"。

执行上述操作，出现"特征控制框"对话框，如图 8-41 所示。"特征控制框"示意图如图 8-42所示。

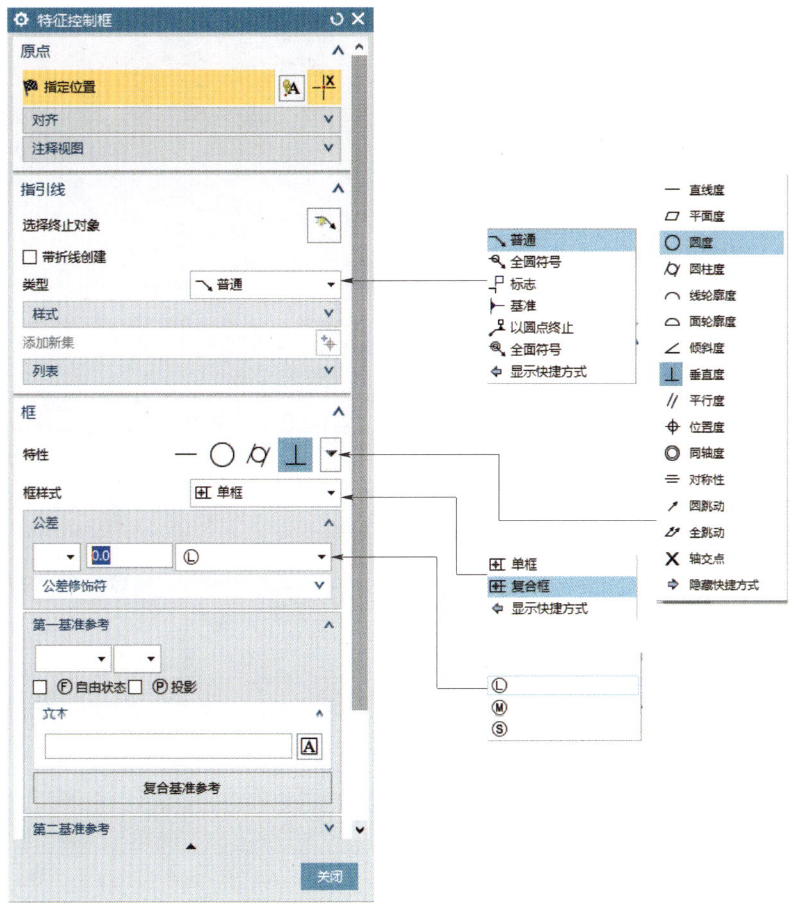

图 8-41 "特征控制框"对话框

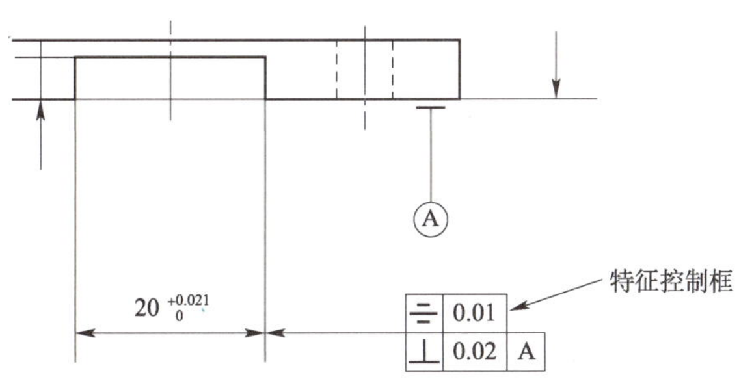

图 8-42 "特征控制框"示意图

2. 基准特征符号

基准特片符号命令的调用有如下两种。

(1)菜单:“菜单”→“插入”→“注释”→“基准特征符号(R)……”命令。

(2)功能区:主页“注释”组里的“基准特征符号”。

执行上述操作,出现“基准特征符号”对话框,如图 8-43 所示。

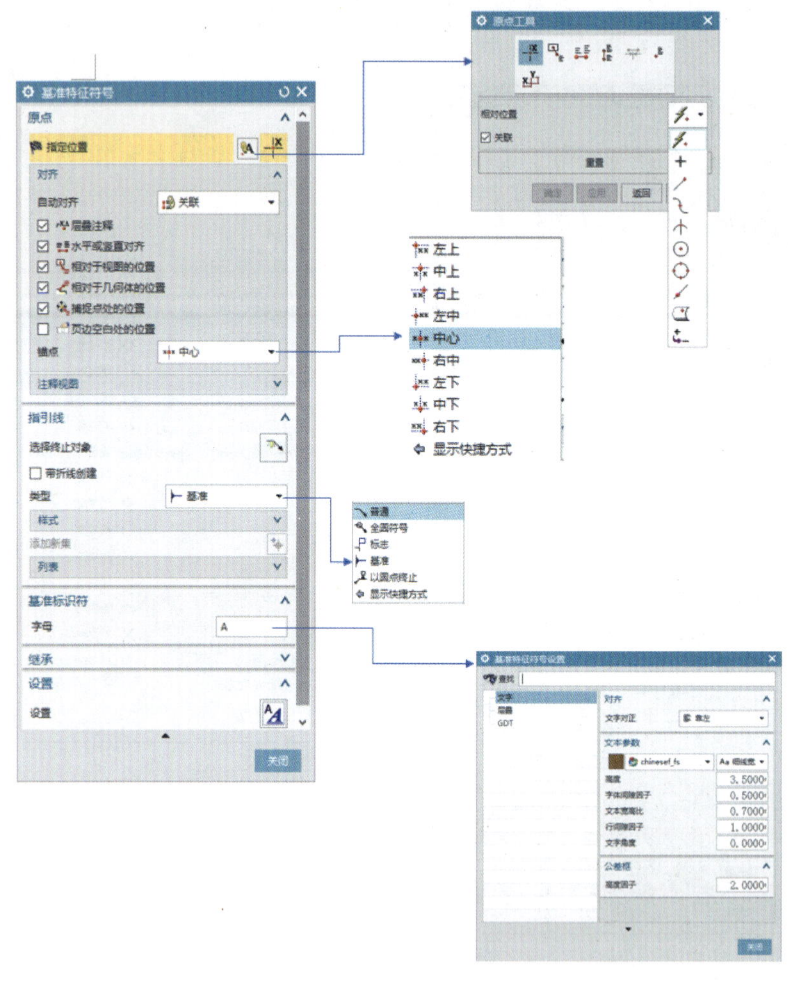

图 8-43 “基准特征符号”对话框

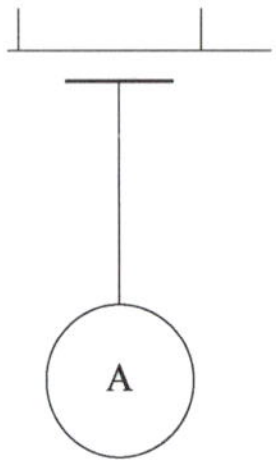

在对话框中,设置表格注释的位置、对齐方式及文字的对齐方式和大小。

点击指引线,可以设置指引线的位置及类型。

点击 字母 A 可以改变基准标识符字母。

点击  ,可以设置文字的对齐方式和大小。

通过上述操作,完成“基准特征符号”标注,如图 8-44 所示。

图 8-44 “基准特征符号”示意图

3. 基准目标

基准目标命令的调用有如下两种。

(1)菜单:“菜单”→“插入”→“注释”→“基准目标(D)……”命令。

(2)功能区:主页“注释”组里的“基准目标”。

执行上述操作,出现“基准目标”对话框,如图 8-45 所示。

点击 指定位置 中的,出现如图 8-46 所示对话框。

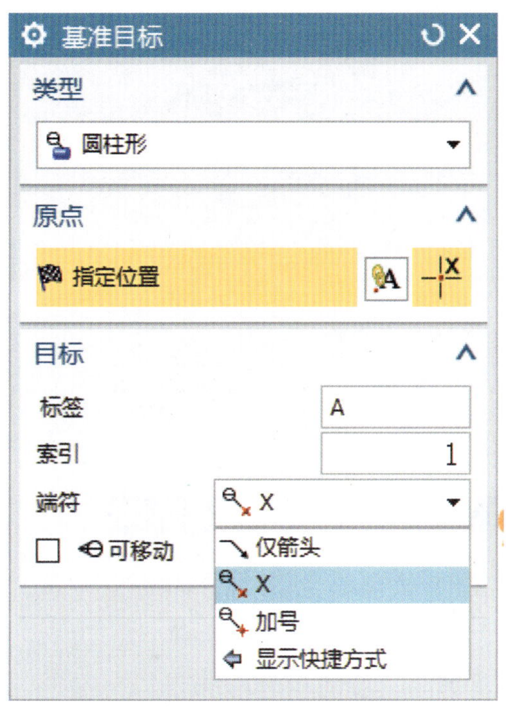

图 8-45　“基准目标”对话框

图 8-46　“原点工具”对话框

选择参考点和目标点,点击确定。

4. 符号标注

符号标注用来创建符号注释。

符号标注命令的调用有如下两种。

(1)菜单:“菜单”→“插入”→“注释”→“符号标注(B)……”命令。

(2)功能区:主页“注释”组里的“符号标注”。

执行上述操作,出现“符号标注”对话框,如图 8-47 所示。

在文本框中输入文本,点击,出现如图 8-48 所示对话框,添加特殊符号。

点击,出现如图 8-49 所示对话框。

在“符号标注设置”对话框中可以编辑文本的位置及高度等。

指定原点或按住并拖动对象以创建指引线,如图 8-50 所示。

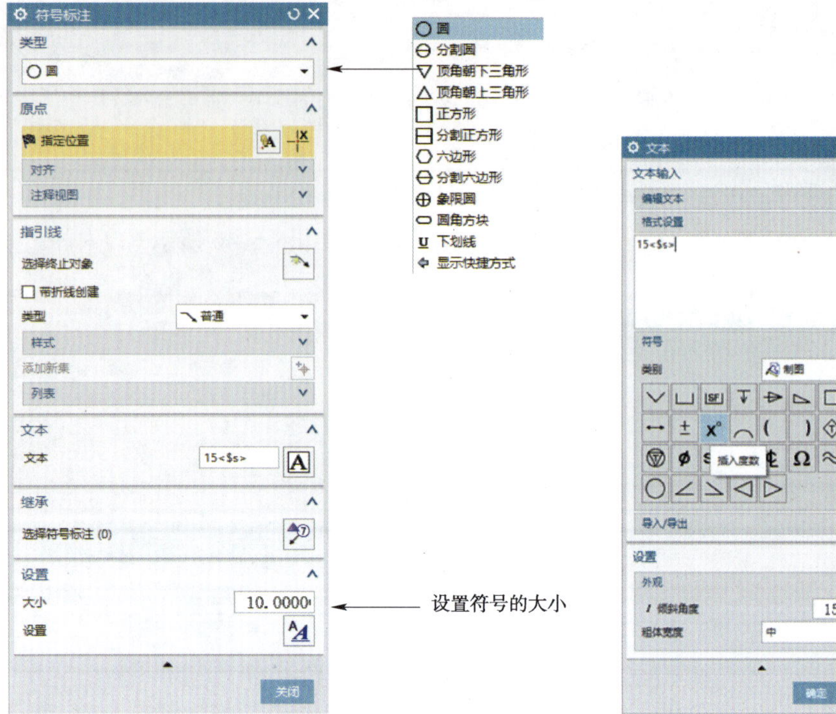

图 8-47 “符号标注”对话框

图 8-48 “文本”对话框

图 8-49 “符号标注设置”对话框

5. 焊接符号

焊接符号命令的调用有如下两种。

(1)菜单:“菜单”→“插入”→“注释”→“焊接符号(W)……”命令。

(2)功能区:主页“注释”组里的“焊接符号”。

执行上述操作,出现“焊接符号”对话框,如图 8-51 所示。“焊接符号”示意图如图 8-52 所示。

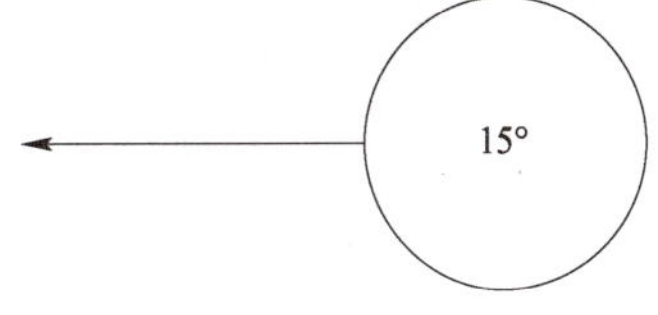

图 8-50　符号标注示意图

6. 图像

图像是指在图纸页面上放置光栅图像(jpg、png 或 pif)。

图像命令的调用如下。

功能区:主页“注释”组里的“图像”。

出现如图 8-53 所示对话框。

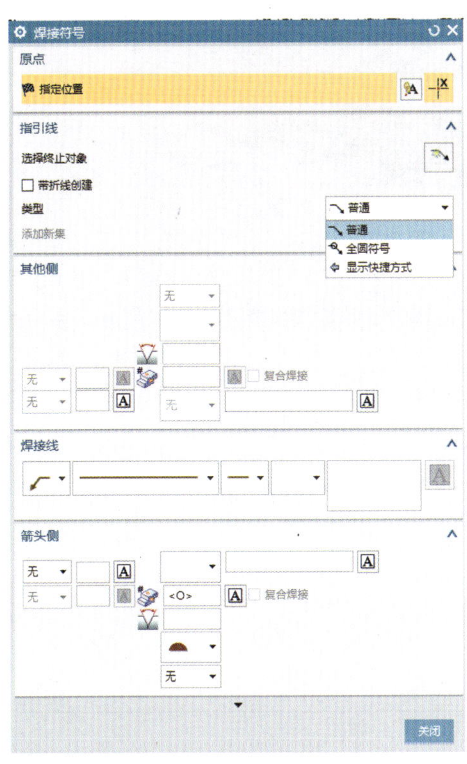

图 8-51　“焊接符号”对话框

图 8-52　“焊接符号”示意图

图 8-53　“图像”对话框

选择图片,点击“确定”,完成图像的插入,如图 8-54 所示。

7. 表面粗糙度符号

表面粗糙度符号命令的调用有如下两种。

(1)菜单:“菜单”→“插入”→“注释”→“表面粗糙度符号(s)……”命令。

(2)功能区:主页“注释”组里的“表面粗糙度符号”。

执行上述操作,出现如图 8-55 所示“表面粗糙度符号”对话框。

“表面粗糙度符号”标注的示意图如图 8-56 所示。

技术要求：

1.数量：1件

2.未注倒角C1

标记	处数	分区	更改文件号	签名	年/月/日			
设计	zsh	2018/3/14	标准化			阶段标记	重量(kg)	比例
审核								
工艺			批准					

图 8-54 “图像”示意图

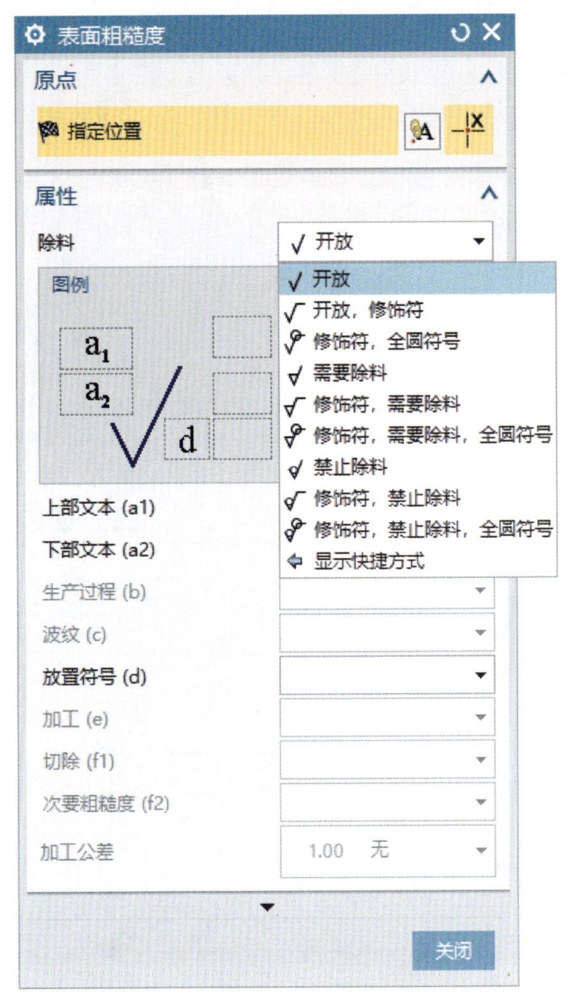

图 8-55　“表面粗糙度符号”对话框

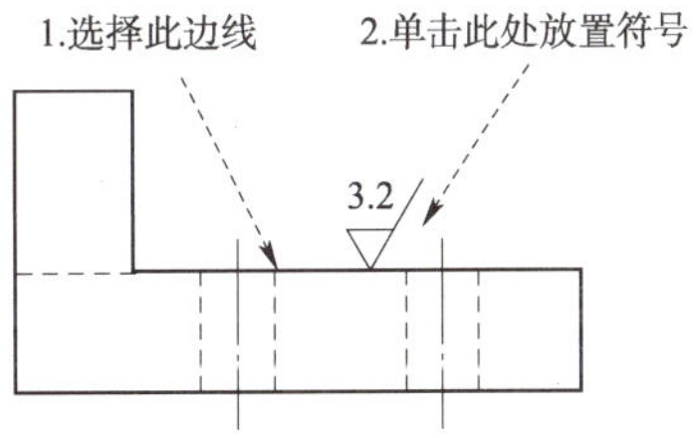

1.选择此边线

2.单击此处放置符号

3.2

图 8-56　“表面粗糙度符号”标注示意图

8. 剖面符号

剖面符号是指在指定边界内创建图样。

剖面符号命令的调用有如下两种。

(1)菜单:“菜单”→“插入”→“注释”→“剖面线(O)……”命令。

(2)功能区:主页“注释”组里的“剖面符号”。

执行上述操作,出现如图 8-57 所示“剖面符号”对话框。

选择填充区域、图案、角度、颜色、线宽等,点击“确定”,完成“剖面符号”的标注,如图 8-58所示。

9. 区域填充

区域填充是指在指定边界内创建图样或填实。

区域填充命令的调用方法和操作方式同“剖面符号标注”。

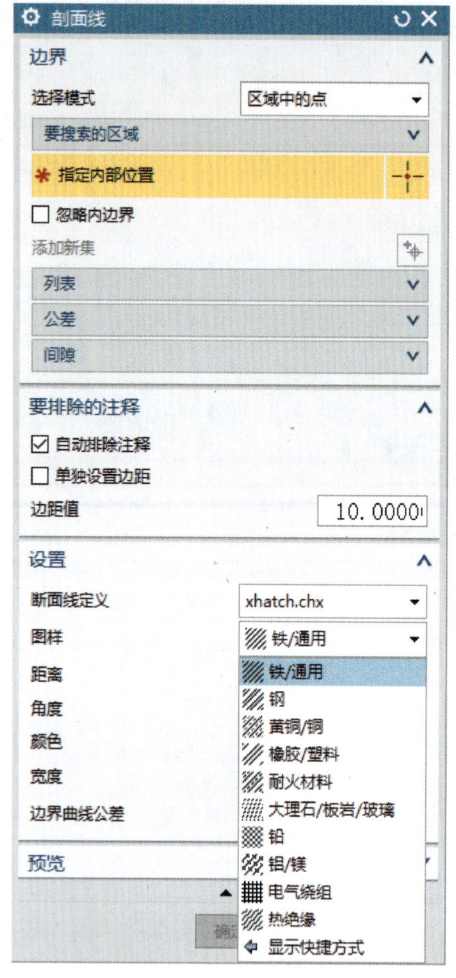

图 8-57 “剖面符号”对话框

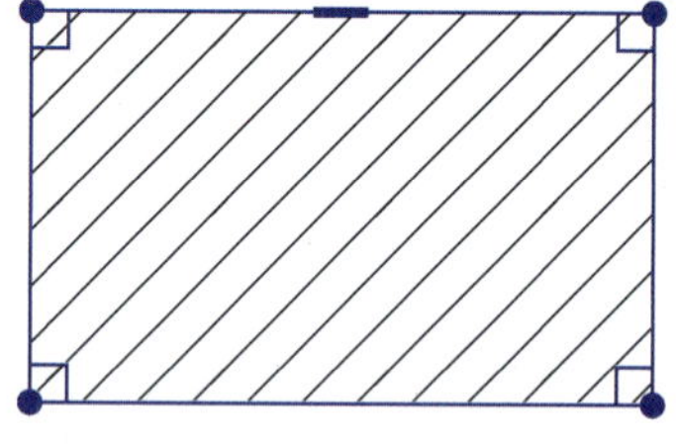

图 8-58 “剖面符号标注”示意图

第四节 表

一、表格注释

表格注释命令的调用有如下两种。

(1)菜单:“菜单”→“插入”→“表”→“表格注释(T)……”命令。

(2)功能区:主页“表”组里的“表格注释”。

执行上述操作,出现如图 8-59 所示“表格注释”对话框。

对各选项进行设置后,指定原点或按住并拖动对象以创建指引线,插入表格,然后点击 A 注释 ,输入内容,如图 8-60 所示。

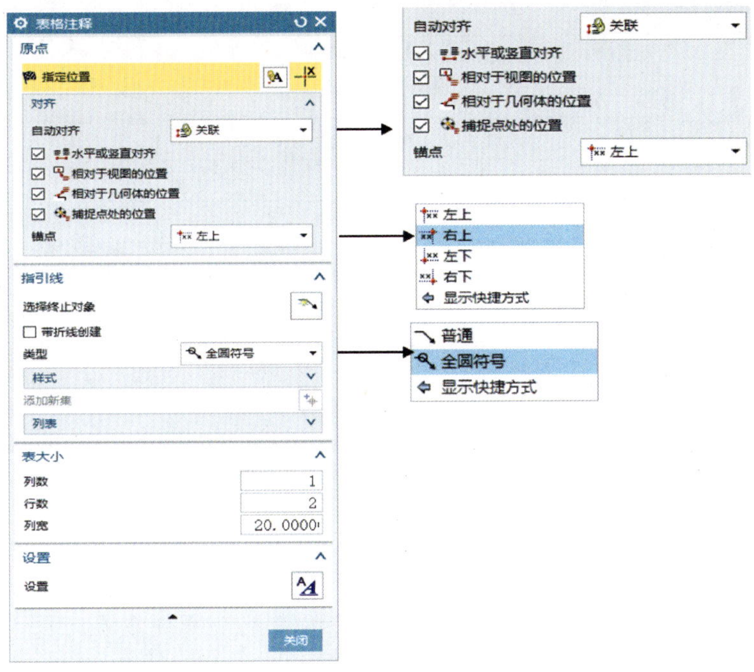

图 8-59 “表格注释”对话框

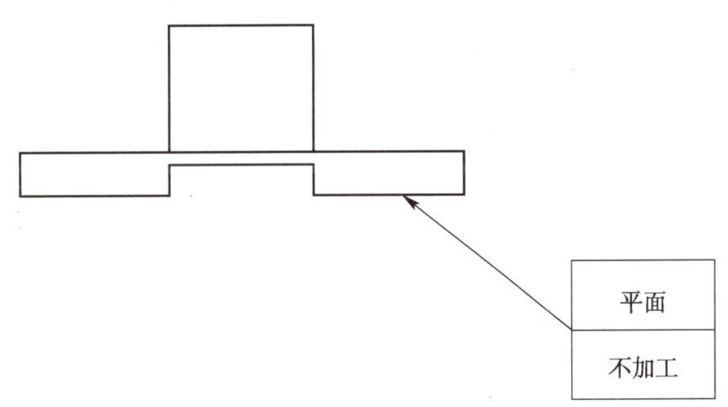

图 8-60 “表格注释”示意图

二、零件明细表

零件明细表是直接从装配导航器中列出的组件派生而来的，可以通过零件明细表为装配创建物料清单。在创建装配过程中的任意时间创建一个或多个零件明细表，将零件明细表设置为随着装配化自动更新，或将零件明细表限制为进行按需更新。

“零件明细表”命令的调用主要有以下两种方式。

（1）菜单：“菜单”→“插入”→“表”→“零件明细表”命令。

（2）功能区：主页“表”组里的“零件明细表”。

执行上述操作后，将生成的表格拖动到所需位置，放置零件明细表，如图 8-61 所示。

三、自动符号标注

自动符号标注是为选定的零件明细表创建关联的序列符号。

7	BASE-BODY	1
6	LEFT-PAD	1
5	LEFT-PAD_MIR	1
4	PAD	1
3	CLAMP	1
2	SCREW-ROD	1
1	PAD-BOLT	6
PC NO	PART NAME	QTY

图 8-61　生成的××零件明细表

自动符号标注命令的调用主要有两种方式。

（1）菜单："菜单"→"插入"→"表"→"自动符号标注"命令。

（2）功能区：主页"表"组里的"自动符号标注"按钮。

执行上述操作，出现"零件明细表自动符号标注"对话框，如图 8-62 所示。在视图中选择已创建好的明细表，如图 8-63 所示，单击"确定"按钮，创建零件序号。

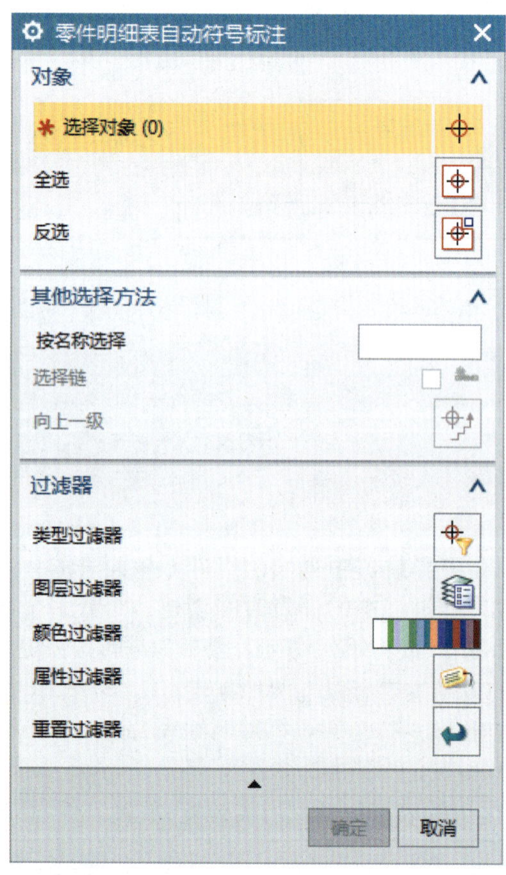

图 8-62　"零件明细表自动符号标注"对话框

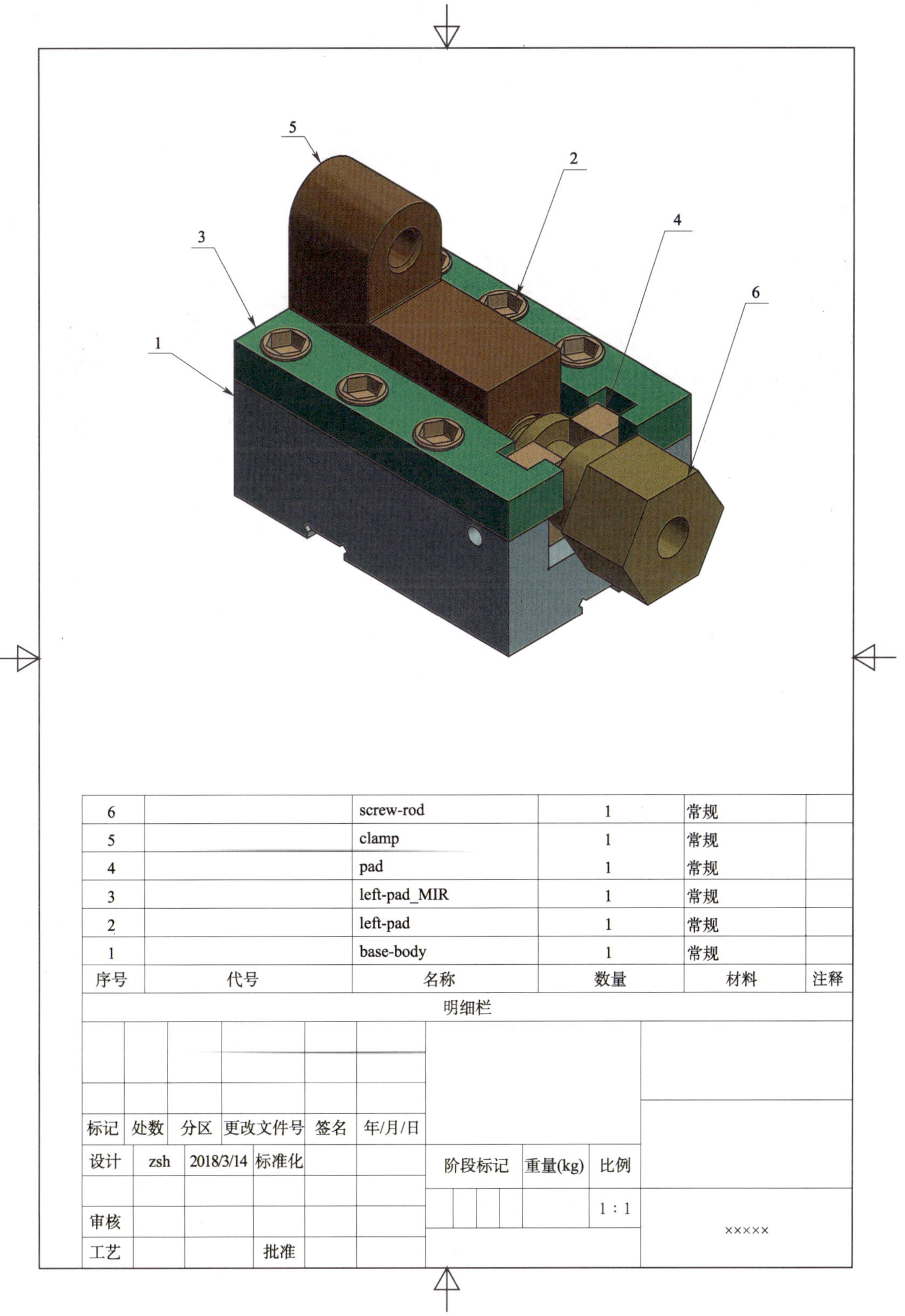

6		screw-rod	1	常规	
5		clamp	1	常规	
4		pad	1	常规	
3		left-pad_MIR	1	常规	
2		left-pad	1	常规	
1		base-body	1	常规	
序号	代号	名称	数量	材料	注释

明细栏

标记	处数	分区	更改文件号	签名	年/月/日			
设计	zsh	2018/3/14	标准化			阶段标记	重量(kg)	比例
								1：1
审核								
工艺			批准					×××××

图 8-63 “自动符号标注”生成对话框

第五节 幸福创意

我们生活在幸福的大家庭里，每天都在幸福地工作、幸福地生活，请同学们结合前面所学的知识，开动大脑，完成如图 8-64 和图 8-65 所示的两个作品，以一个完美的作品来检验你们的学习成果！

图 8-64 四轴无人机

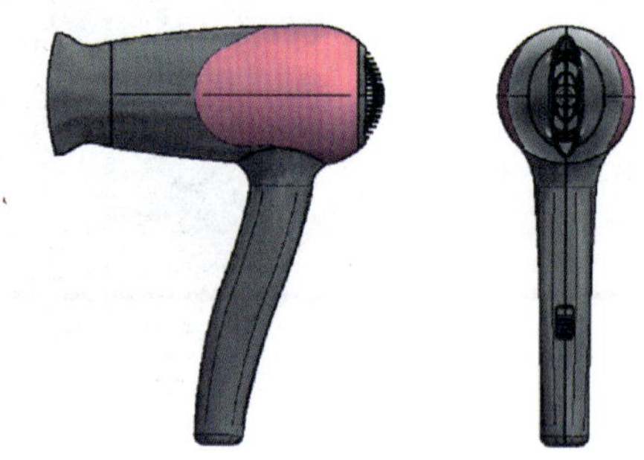

图 8-65 电吹风

结　　语

同学们,到这里本书的学习内容就全部结束了,你们不但从中获得了知识,同时对 UG 软件的熟练操作也使你们获得了成就感,增强了幸福感！俗话说:“赠人玫瑰,手留余香。”同学们利用学到的知识,自己设计一款产品,送给你的亲人和朋友吧！当别人对你说声谢谢时,你的心情会更加愉悦,会感到更加幸福,更会激励你继续深入学习 UG 这门软件,相信你们!